KRÄUTER
MANUFAKTUR

# Kräuter MANUFAKTUR

LV.Buch
Die Begeisterungswerkstatt

# Willkommen in der Kräuter-Manufaktur


**EINLEITUNG** 7

**ANBAU: DIE THEORIE** 11

Standort 12

Anbau aus Samen und Jungpflanzen 18

Pflanzenpflege 19

Ernte und die Zeit danach 24

**ANBAU: SCHRITT FÜR SCHRITT** 35

Anzucht der Jungpflanzen 36

Anbau im Garten 38

Anbau im Haus und auf dem Balkon 41

**AUSGEWÄHLTE KRÄUTER** 49

**SPEZIALWISSEN**

Wie kann man Komposterde selbst herstellen? 26

Welche Kräuterkrankheiten gibt es? 44

Kräuter haltbar machen und aufbewahren 70

# Köstliche Rezepte

Kokosmilch-Porridge mit Minze und Zitronenthymian 76

Kichererbsenaufstrich mit Thymian und Rucola 78

Kokos-Ananas-Cocktail mit Minze 80

Knusprige Baguettes mit Kräuterbutter 82

Gurkenkaltschale mit gerösteten Nüssen und Minze 84

Zucchinipuffer mit Joghurtsoße und Koriander 86

Frühlingssalat mit gegrilltem Spargel 88

Kräutersalat mit Käse 90

Erdbeer-Mozzarella-Salat mit Basilikum 92

Gemüsecurry mit Koriander 94

Brathähnchen in Thymian-Marinade 96

Gemüsespaghetti mit Bohnenkraut und Petersilie 98

Kräuter-Burger 100

Gnocchi mit Salbeibutter 102

Blätterteig-Quiche mit Oregano und frischen Tomaten 104

Spargel-Basilikum-Risotto 106

Gebackener Lachs in Orangen-Rosmarin-Soße 108

Quiche mit Pfifferlingen und Thymian 110

Mini-Pizzen aus Auberginen mit Basilikum und Oregano 112

Tartelettes mit Himbeeren und Melisse 114

Früchte-Crumble mit Kräuterzucker 116

Weiße Schokoladentrüffel mit Zitrone und Thymian 118

# Einleitung

Frische Kräuter sind ein wertvoller kulinarischer Begleiter – ein unschätzbares Küchengewürz mit zahlreichen wertvollen Eigenschaften. Aufgrund ihrer spezifischen Aromen runden sie den Geschmack der Speisen hervorragend ab und können gleichzeitig gesundheitsfördernd wirken – schmerzstillend und verdauungsfördernd, unterstützend bei Erkältungskrankheiten, wohltuend bei Unruhe und sogar fitness-fördernd. Der Kräuteranbau ist nicht kompliziert – die Pflanzen werden selten krank, benötigen nicht viel Platz und keine aufwendige Pflege. Ihre Kultur kann zu einem sehr angenehmen Hobby werden.

Kräuter können ganzjährig herangezogen werden – dazu reicht etwas Platz auf dem Fensterbrett aus, ein Pflanztopf, etwas Kies sowie lockere und fruchtbare Erde. Im Garten dürfen die Kräuter mehr Platz bekommen, sie sind dort ein Blickfang und sorgen in Hausnähe für eine sehr angenehme Duftnote. Am besten lassen sich Kräuter aus fertigen Setzlingen anbauen, das heißt aus Jungpflanzen, die man direkt im Gartenfachhandel kaufen kann. Wie man die Setzlinge aussucht (oder selbst zieht), wie man sie pflanzt und dann Schritt für Schritt im Garten, auf dem Balkon oder zu Hause auf dem Fensterbrett anbaut – das erfahren Sie in diesem Buch. Wir verraten Ihnen auch, was Sie machen müssen, wenn die Pflanzen größer werden und wie man die mehrjährigen Sorten vor der Winterkälte am besten schützt.

Die Kräuterzucht dient dazu, die Blätter oder andere (nicht verholzte) Pflanzenteile zu gewinnen, die nach und nach abgeerntet werden. Und es lohnt sich, kulinarische Eigenschaften der Kräuter zu testen. Zur Belohnung gibt es leckere Zutaten für Getränke, Nudelgerichte, Suppen, Kuchen und Salate, welche den Geschmack der Gerichte hervorheben und intensivieren. In dem vorliegenden Ratgeber bieten wir Ihnen Rezeptvorschläge für Frühstück, Vorspeisen, Mittag- und Abendessen sowie Nachspeisen. Mehr noch – wir erklären, wie man die Kräuter richtig trocknet und einfriert – Eiswürfel mit Kräutergeschmack sind eine originelle und aromatische Zugabe – z. B. zu Erfrischungsgetränken.

Wir wünschen Ihnen also viel Spaß beim Anbau und Kochen, aber zuerst – bei der Lektüre. Es gibt hier für Sie eine gute Portion Wissen und über 20 Rezepte für jede Tageszeit. Mit uns lernen Sie den Geschmack Ihres Kräutergartens kennen!

ROSEMARY
THYME
MINT

# Anbau: Die Theorie

# Standort

Aus dem reichhaltigen Angebot an Kräutern, die sich in der Wohnung, auf dem Balkon, der Terrasse oder im Garten gut anbauen lassen, kann man ein- oder mehrjährige Pflanzen wählen. Die ersten gehen am Ende ihrer Vegetationsperiode ein (z. B. Basilikum, Bohnenkraut, Koriander, Majoran), die anderen kann man einige Jahre lang kultivieren (z. B. Oregano, Melisse, Minze, Rosmarin, Salbei, Thymian). Wichtig wäre dabei zu beachten, die Anzahl der Pflanzen an unsere Bedürfnisse anzupassen und nicht zu viel anzubauen.

## Wohnung, Balkon/Terrasse

Für die Kräuterzucht in der Wohnung ist das Fensterbrett am besten geeignet (in Süd- oder Süd-Ost-Richtung). Ein solcher Standort ist hell genug, denn in der Regel brauchen die Pflanzen mindestens sechs Stunden Licht am Tag. Um gleichmäßige Lichtverhältnisse für alle Pflanzen zu sichern, kann man die Pflanzgefäße einfach drehen (die jungen, noch lichthungrigen Kräuter können dann besser wachsen). In der Wohnung ist es für die Pflanzen besser, wenn sie nicht in der Nähe der Heizkörper stehen und keiner Zugluft ausgesetzt sind, z. B. an einem Fenster, welches nicht oft geöffnet wird. Der Standort auf dem Balkon oder der Terrasse – am besten in südlicher oder südöstlicher Richtung – sollte keinen Autoabgasen ausgesetzt sein.

Das Gefäß und die Erde bilden einen wichtigen Teil des Lebensraums für die Pflanzen. Die meisten Kräuter lassen sich am besten in Pflanztöpfen mit 20 cm Durchmesser und 15–20 cm Tiefe kultivieren. Das gilt z. B. für

Majoran und Thymian. Jedoch beim Bohnenkraut mit seinem flachen Wurzelsystem sind Pflanztöpfe mit einem kleineren Durchmesser und weniger Tiefe die richtigen; bei Rosmarin und Basilikum dagegen, welche zu den Tiefwurzlern gehören, wären Pflanztöpfe mit einem Durchmesser von bis zu 35 cm und mit entsprechender Tiefe zu empfehlen. Am besten geeignet sind Pflanztöpfe aus Kunststoff oder auch aus Ton. Die Pflanztöpfe müssen Abflusslöcher besitzen (Durchmesser min. 1 cm) – entweder ein Loch im Boden oder mehrere in den Seiten, damit sich keine Staunässe bildet. Zusätzlich sollte sich unten im Topf eine

2–3 cm dicke Drainageschicht befinden. Hier kann man kleine Tonscherben alter Pflanztöpfe, etwas Kies oder kleinere Steinchen verwenden. Auch Blähton ist wertvoll, denn er gleicht die Feuchtigkeitsverhältnisse aus.

Auf die Drainageschicht kommt die Pflanzerde. Diese wird vorsichtig angedrückt, sodass 3–5 cm unter dem Topfrand noch frei bleiben. Nun werden die Pflanzen eingesetzt und anschließend gegossen. Zum Schluss wird die letzte Schicht (kleiner Kies oder feiner Rindenmulch) auf der Erde verteilt, welche vor Feuchtigkeitsverlust schützt. Diese Abdeckschicht ist besonders für den Kräuteranbau auf dem Balkon oder der Terrasse wichtig, weil der Boden dort durch die Einwirkung von Wind und Sonne schneller austrocknen kann.

## Wissenswertes

Bei mehrjährigen Kräutern, welche in Töpfen wachsen, muss der Boden im Frühjahr gegen frische Erde getauscht werden (nicht vergessen: Die Töpfe sollten vorher gewaschen werden!). Der alte Boden – auch der vom Anbau einjähriger Pflanzen – kann gerne für die Kompostierung aufgehoben werden (siehe S. 26).

Für die Kräuterzucht in Töpfen braucht man eine lockere und fruchtbare Erde. Am besten kauft man ein fertiges Substrat (auch Gemüseerde) im Fachhandel. Es beinhaltet Nährstoffe für das Pflanzenwachstum und die Entwicklung, ist frei von Unkrautsamen, Schädlingen sowie anderen Faktoren, die eine Krankheit hervorrufen könnten. Beim Anbau in Töpfen sollte man – wenn keine Abdeckschicht mit Steinchen oder Rindenmulch vorhanden ist – die oberste Erdschicht ab und zu auflockern, z. B. mit einer alten Gabel oder einem kleinen Holzstück. Bitte graben Sie aber vorsichtig und nicht zu tief, um die Wurzeln nicht zu beschädigen.

## Garten

Der Standort im Garten für die Kräuterzucht sollte windgeschützt und sonnig sein (mindestens ¾ der Pflanzfläche sollte überwiegend in der Sonne liegen). Am besten geeignet ist ein leichter, durchlässiger und fruchtbarer Boden, der Wasser gut speichert und humusreich ist. Für die vorgesehene Kräuterzucht muss die Erde im Garten entsprechend sorgfältig vorbereitet werden – im Frühjahr wird sie ausreichend tief umgegraben (mit Zugabe von Kompost – das wirkt sich z. B. bei der Minze besonders gut aus) und dann glatt gerecht, um die groben Erdklumpen zu zerteilen. Beim Umgraben lohnt es sich, nach den vorhandenen Wurzelausläufern von hartnäckigen Unkräutern, wie z. B. der Quecke, Ausschau zu halten – diese sollte vollständig entfernt werden, denn ihre Rhizome breiten sich schnell wieder aus. Sie dürfen nicht kompostiert werden.

# Wissenswertes

Die Holzasche aus dem Kamin oder Lagerfeuer wird als überflüssiger Abfall gesehen, dabei ist sie ein wertvoller Dünger. Sie kann vor dem Umgraben auf der Erde verteilt werden – das ändert den pH-Wert des Bodens in leicht alkalisch, also besser für die meisten Kräuter. Nach Abschluss dieser Arbeiten darf man mit dem Pflanzen beginnen.

# Anbau aus Samen und Jungpflanzen

Die Kräuter lassen sich am besten aus fertigen Jungpflanzen anbauen, welche man direkt im Fachhandel oder auf einem Bauernmarkt direkt vom Erzeuger kaufen kann. Die Pflanzerde und entsprechende Behälter für die Pflanzen gibt es in gut sortierten Gärtnereien oder Gartencentern. Der Anbau aus Jungpflanzen hat viele Vorteile. Die Pflanzen wurden durch die Gärtner in optimalen Bedingungen produziert und wachsen schneller und besser an, als solche, die man zu Hause selbst aus Samen gezogen hat. Jedoch müssen die Jungpflanzen beim Kauf kontrolliert werden.

**DAS SOLLTEN SIE BEACHTEN**

Die Pflanzenmerkmale:

- gesund: ohne Flecken, grauen Belag, Löcher, unnatürliche Verfärbungen (diese Symptome können auf eine Krankheit oder einen Schädlingsbefall hinweisen);
- verzweigt, kompakt, gut genährt, mit kurzen Internodien (Sprossachsenabschnitte zwischen den Blättern);
- mit einem gut entwickelten, gesunden Wurzelsystem – zur Probe kann man ein Pflänzchen aus dem Kulturtopf nehmen, die Wurzeln beurteilen (sie sollten den Boden durchwachsen und hell und fest sein) und gleichzeitig nachschauen, ob sich keine Schädlinge in der Erde verstecken;
- nicht welk – solche Pflanzen können ihre Vitalität für immer einbüßen.

# Pflanzenpflege

Die Grundmaßnahme beim Kräuteranbau ist das Gießen. Ob nach der Aussaat oder dem Einpflanzen der Setzlinge in die Töpfe und bei der täglichen Pflege an dem jeweiligen Standort – das Gießen hat eine Schlüsselrolle. Dabei ist der Wasserbedarf der Kräuter nicht immer gleich, z. B. vertragen Majoran und Basilikum keine Staunässe, Melisse und Minze dagegen haben einen höheren Wasserbedarf. Man sollte die Pflanzen beobachten und ihre Vegetationsumstände berücksichtigen (Temperatur, Jahreszeit).

## Gießen

Die Erde im Pflanzentopf wird gegossen, wenn sie leicht angetrocknet ist (aber nicht so trocken, dass die Pflanze welk wird), meistens einmal am Tag, in den Morgen- oder Vormittagsstunden (an heißen Tagen öfter und auch dann, wenn die Pflanztöpfe aus Ton sind, denn diese geben leichter die Feuchtigkeit nach außen ab). Das Gießwasser darf nicht kalt sein, wie z. B. Wasser, das direkt aus der Leitung kommt. Es ist besser, wenn es mehrere Stunden in der Gießkanne steht (am besten über Nacht) – dann wird das Wasser wärmer. Der Wasserstrahl muss sanft sein. Zum Gießen von Sämlingen ist eine Gießkanne mit einem feinmaschigen Aufsatz am besten geeignet, um die zarten Pflänzchen oder den Boden nicht auszuspülen. Die Pflanzen müssen sehr präzise gegossen werden – der Boden wird dabei gut durchnässt, jedoch nicht übergossen. Dies lässt sich leicht prüfen: ein bisschen Erde aus dem Topf nehmen und in der Hand zusammendrücken; wenn sie zu nass ist, wird Wasser aus der Erde triefen. Übermäßiges Gießen ist sehr gefährlich – die Wurzeln bekommen zu wenig Luft und können einfach ersticken.

## Wissenswertes

Im Winter werden die mehrjährigen Kräuter in den Töpfen weniger gegossen (einmal in der Woche ist ausreichend), damit die Wurzeln nicht absterben und die Pflanze weiter wachsen kann.

Auch zu trockener Boden ist nicht gut für die Pflanze, welche aus Mangel an Wasser verwelken kann. Ist die Erde im Topf einmal sehr ausgetrocknet, hat es sich bewährt, den Topf in einen größeren Behälter mit Wasser für 2–3 Minuten hineinzustellen (eintauchen). Danach wieder herausnehmen und kurz warten, bis das überschüssige Wasser abgelaufen ist. Die Kräuter im Gartenbeet benötigen das meiste Wasser nach dem Einsetzen der Jungpflanzen, in der intensiven Wachstumsphase im Frühjahr sowie bei trockenem Wetter. Gießen sollte man am besten mit der Gießkanne, üppig und regelmäßig, um dem Welken der Pflanzen und der Verkrustung der Erde vorzubeugen.

## Düngen

Bei der Kräuterzucht ist es besser auf Kunstdünger zu verzichten – er könnte das Wachstum der Pflanzen zu sehr beeinflussen und ihre Duftbildung verringern (z. B. bei Thymian, Lavendel oder Rosmarin). Man kann dagegen natürliche, selbst zubereitete Dünger verwenden, z. B. aus der Brennnessel. Ein solcher ökologischer Dünger reichert den Boden mit wertvollen Nährstoffen an (siehe S. 47). Ein wertvoller, organischer Dünger für den Kräuteranbau im Garten ist Kompost, der viele Nährstoffe liefert. Der Kompost muss gut zersetzt sein, also fast zwei Jahre alt. Er sollte im Frühjahr vor dem Einsetzen der Jungpflanzen verwendet werden – dazu eine mehrere Zentimeter dicke Kompostschicht auf das Beet auftragen und umgraben (siehe S. 26).

## Was noch zu tun ist

Pflanzen, welche seit einigen Jahren an ihrem Standort im Garten wachsen, bekommen im Frühjahr eine Verjüngungskur. Dabei werden die Pflanzentriebe bis auf 10–20 cm über dem Boden zurückgeschnitten und die Erde um die Pflanzen herum gut aufgelockert. Diese Maßnahme wirkt stimulierend auf das Wachstum der leicht beschädigten Wurzeln und beschleunigt die Bildung neuer Pflanzentriebe. Sowohl beim Anbau in Töpfen als auch im Garten sollten die vergilbten Blätter oder solche mit Anzeichen für einen Schädlings- oder Krankheitsbefall (kleine Löcher, Flecken, unnatürlich verfärbt, mit Schimmel besetzt oder verfault) regelmäßig entfernt werden. Pflanzen mit großflächigen Schäden müssen ganz weg. Solche befallenen Pflanzen oder ihre Teile dürfen nicht dem Komposthaufen zugefügt werden. Wenn Unkraut zu sehen ist, sollte es noch im frühen Stadium entfernt werden.

# Ernte und die Zeit danach

Die Kräuter werden angebaut, um ihre frischen Blätter oder andere Pflanzenteile (nicht verholzte Triebe mit Blättern) zu ernten, welche während der ganzen Vegetationsphase abgepflückt werden. Dieses Vorgehen – wenn man es richtig macht – wirkt sich positiv auf das Wachstum der Pflanze und Ihre Form aus. Basilikum, Majoran, Estragon oder Oregano verzweigen sich besser, wenn man zuerst die Spitze ihres Stängels abzwickt. Auch auf den Rosmarin, den Salbei oder das Sommer-Bohnenkraut wirkt sich das Abzwicken der Triebspitzen sehr gut aus – vor allem, wenn uns auch die dekorative Funktion der Pflanzen am Herzen liegt. Es dürfen nicht mehr als 1/5 der vorhandenen Pflanzenblätter auf einmal abgenommen werden, dabei fängt man mit den größten Blättern an. Anders verhält es sich mit der Pfefferminze – hier ist es besser die ganzen Pflanzentriebe abzuschneiden, denn dadurch wird das Wachstum neuer Triebe angeregt. Die einjährigen Kräuter in den Töpfen beenden

ihr Dasein meistens gegen November. Solche Pflanzen und die verbrauchte Erde aus den Töpfen müssen entfernt (am besten auf den Kompost, wer diese Möglichkeit hat) und die Pflanztöpfe gewaschen werden. Am Ende der Saison dürfen ebenfalls die einjährigen Pflanzen aus dem Garten auf dem Kompost entsorgt werden. Mehrjährige Kräuter in Töpfen (z.B. Lavendel, Rosmarin, Thymian) lassen sich in kühlen, luft- und lichtdurchlässigen Räumen (bei ca. 0–10 °C) gut überwintern. Im Winter werden sie einmal wöchentlich mit Maß gegossen und vor Beginn der neuen Saison, im Frühjahr, mit der Zugabe eines Flüssigdüngers aus der Brennnessel gestärkt (siehe S. 47). Ebenfalls im Frühjahr müssen sie einen frischen Boden bekommen. Manche mehrjährigen Kräuter im Garten (besonders Salbei oder Thymian) können im Winter Frostschäden erleiden. Um dem vorzubeugen, werden die Pflanzen im späten Herbst abgedeckt. Man kann z.B. die Erde dicht um die Pflanzen herum anhäufen (im Frühjahr müssen dann die Beete wieder geebnet werden). Man kann auch auf dem Pflanzenbeet eine mehrere Zentimeter dicke Kompostschicht verteilen (diese wird im Frühjahr mit der Erde einfach vermischt und so der Boden mit Nährstoffen angereichert) oder den Boden mit einer dicken Blätterschicht abdecken (das ist die wirksamste Methode, wobei im Frühjahr die Blätter entfernt werden müssen).

# Wie kann man Komposterde selbst herstellen?

Kompost – auch Komposterde genannt – entsteht aus organischen Abfällen. Er ist sehr reich an wertvollen organischen Substanzen, an Humus und seinen Verbindungen, welche den Boden anreichern. Auch für den Kräuteranbau ist die Kompostzugabe sehr wertvoll, zumal Kompost leicht im eigenen Garten vorzubereiten ist.

## 1 Die richtige Form der Kompostierung wählen

Mit einem Komposthaufen oder mit einem Komposter lässt sich der Kompost im Garten leicht herstellen. Kompostierung in einem Komposthaufen ist sehr einfach und kostengünstig. Es entstehen keine Kosten für den Bau oder Kauf eines Komposters. Meistens dauert es jedoch ziemlich lange, bis der Inhalt des Komposthaufens zersetzt wurde (ungefähr 1,5 Jahre) und der Haufen selbst sieht nicht sehr ästhetisch aus.

Bei der Kompostherstellung in einem Komposter wird der Kompost in einer geordneten Form, geschützt vor Wind und zu viel Sonnen-

licht, gelagert. Den Behälter können wir selbst aus Holz bauen, es gibt aber auch bereits fertige Komposter aus Kunststoff. Im Gartenfachhandel werden heutzutage viele ästhetische und einfach zu montierende Behälter für die Kompostaufbewahrung angeboten. Es gibt z. B. Behälter aus recyclingfähigem Material und Thermokomposter mit Lüftungsschlitzen in den Seitenwänden. Beim Kauf eines Kompostbehälters ist es wichtig zu beachten, dass die Kompostmasse gut belüftet und die Feuchtigkeit gut abtransportiert wird. Außerdem sollte der Zugang zum Inhalt im Komposter frei bleiben, um den Kompost während seiner Entstehung feucht zu halten und durchzumischen.

## 2 Der richtige Standort

Der Platz für die Kompostierung sollte schattig und windgeschützt sein. Der Komposter oder der Komposthaufen wird direkt auf dem Boden platziert. In beiden Fällen werden die gleichen Grundsätze für die Vorbereitung der Kompostmasse beachtet (Punkte 3–5).

## ③ Das Material für den Kompost vorbereiten

Es dürfen beinahe alle organischen Reste kompostiert werden, welche im Haus oder Garten anfallen, wenn sie keine chemischen Substanzen beinhalten. Je größer die Vielfalt der Bestandteile, umso besser.

Am schnellsten werden weiche Blätter zersetzt, z. B. Blätter der Apfel- und Lindenbäume, der Haselnuss- oder Forsythiensträucher. Wesentlich langsamer verrotten dicke und feste Blätter, wie z. B. solche von Birnbäumen, Eichen oder Erlen. Blätter mit einer längeren Zersetzungszeit sollten in einem separaten Behälter kompostiert werden, um die Kompostierung übriger Pflanzenreste aus dem Garten nicht zu verlangsamen. Auch die Blätter der Nadelbäume müssen in einem extra Komposter aufbewahrt werden, da sie Harze beinhalten, welche den Kompost versauern und die Zersetzung der Kompostmasse verlangsamen.

Wichtig ist es zu wissen, dass Pflanzenreste mit Anzeichen für einen Schädlings- oder Krankheitsbefall sowie samentragende Unkräuter nicht in den Komposter gehören. Unkräuter mit Ausläufern (Quecken, Brennnessel und Acker-Schachtelhalm) dürfen erst kompostiert werden, wenn sie ausgetrocknet sind.

# Kompostieren

| ERLAUBT | NICHT ERLAUBT |
|---|---|
| • **PFLANZENRESTE:** Blätter, Reste aus dem Anbau einjähriger Pflanzen, verblühte Blüten, Grasschnitt, Möhrengrün, Unkräuter, Holzasche (in geringen Mengen)<br>• **KÜCHENRESTE:** Putz- und Schälreste von Obst und Gemüse, Eierschalen, Kaffee- und Teesatz<br>• **ANDERE ORGANISCHE MASSE:** Stroh, saubere Papierstückchen, Pappe (in geringen Mengen), Holzspäne, Holzrinde<br>• bedrucktes Zeitungspapier | • beschichteter Karton (z. B. Milch- oder Saftkartons)<br>• imprägniertes oder gefärbtes Holz<br>• Grillasche (Kohlenasche) mit Resten von Grillanzündern<br>• dicke Äste (sie sollten vor der Kompostierung gehäckselt werden)<br>• Abfälle tierischer Herkunft |

## 4 Schichten richtig aufbauen

Erde oder Torf in den Komposter geben und eine kleine Mulde bilden, damit das Kondenswasser nach innen versickern kann.

Diese (und jede weitere) Schicht pflanzlicher Masse mit Gartenerde, feiner Lehmerde oder mit Kompostresten vom letzten Jahr abwechselnd aufschichten.

Die zweite Schicht bilden wir aus Torf, Gartenerde, Stroh oder dem teilweise verrotteten Kompost aus dem Vorjahr.

Die unterste Schicht im Komposter sollte aus klein geschnittenen Ästen, Holzspäne, Stroh oder Sägespäne bestehen, wobei das gröbste Material ganz nach unten gehört.

## 5 Kompostmasse pflegen

Damit die Verrottungsprozesse im Kompost richtig ablaufen, sollte dieser ungefähr alle zwei Monate belüftet werden – mit einer Gartengabel die Schichten umgraben, zwischen den Schichten frische Gartenerde oder den Kompost aus dem Vorjahr verteilen. Man muss auch darauf achten, dass der Kompost immer feucht bleibt. Bis der Kompost seine Reife erreicht hat, dauert es durchschnittlich ein Jahr. Dieser Prozess lässt sich jedoch um einige Monate beschleunigen. Für diesen Zweck wird dem neu angelegten

Komposthaufen (oder dem Komposter) ein Kompostbeschleuniger hinzugefügt. Diese Präparate gibt es im Gartenfachhandel und sie beinhalten aerobe Bakterienstämme und nützliche Mikroorganismen, welche die organischen Substanzen schneller zersetzen.

Günstig wäre auch den verdünnten reifen Kompost aus dem Vorjahr auf der Kompostmasse zu verteilen. Dazu wird der Kompost mit Wasser (im Verhältnis 1:7) gemischt und nach 12 Stunden eine kleine Menge Stickstoffdünger zu der Mischung hinzugefügt.

Um die Verrottung der organischen Masse zu beschleunigen, helfen auch Präparate aus Löwenzahn, Schafgarbe, Brennnessel und Kamille, mit denen der reifende Kompost begossen wird. Verwendet werden Auszüge, Sude und Aufgüsse aus gekauften oder selbst gesammelten und getrockneten Kräutern (einen Sud bekommt man durch das Auskochen der Kräuter im Wasser, ein Aufguss entsteht, wenn die Kräuter mit kochendem Wasser übergossen werden und für einen Auszug werden die Kräuter mit kaltem Wasser übergossen und für 12 Stunden stehen gelassen).

Werden auch Äste und verholzte Teile der Sträucher und Bäume zu der Kompostmasse hinzugegeben, kann man Bio-Pilzbrut als Verrottungshelfer einsetzen. Diese gibt es im Gartenfachhandel zu kaufen.

Auch Regenwürmer beschleunigen den Verrottungsprozess im Kompost und finden meistens ganz von alleine den Weg zum Komposthaufen. Bei den aufgestellten Kompostbehältern werden die Regenwürmer zu der Kompostmasse hinzugefügt. Entweder kann man sie im eigenen Garten einsammeln oder im Gartencenter bzw. in Angelfachgeschäften kaufen.

Am schnellsten geht das Kompostieren jedoch in einem Thermokomposter. Im Inneren eines solchen Behälters herrscht – dank der entstehenden Wärme – eine höhere Temperatur, was die Zersetzung der organischen Masse deutlich beschleunigt. Schon nach wenigen Monaten kann man den fertigen Kompost entnehmen.

## 6 Kompost verwenden

Im Kräuteranbau kann der Kompost als Zugabe verwendet werden. Die Komposterde sollte vor dem Aufbringen auf die Beete durchgesiebt werden, um die groben, nicht vollständig verrotteten Strukturen zu entfernen.

## Wissenswertes

Neben dem nährstoffreichen Kompost kann man den Gartenboden auch durch Gründüngung anreichern, d. h. durch das Umgraben – zusammen mit der Erde – der für diesen Zweck angebauten Pflanzen. Dazu eignet sich Lupine oder Phacelia. Im Fachhandel erhältliche natürliche Dünger (flüssig oder als Granulat) sind ebenfalls gut geeignet.

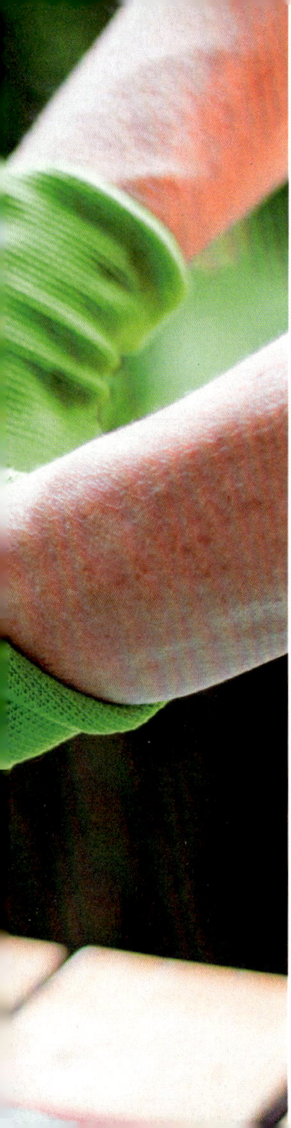

# Anbau

## Schritt für Schritt

# Anzucht der Jungpflanzen

Für den Anbau sind am besten fertige Setzlinge geeignet, welche von Gärtnereien oder auf dem Markt angeboten werden. Es sind gesunde, gepflegte Pflanzen, die an neuen Standorten gut anwachsen. Jungpflanzen lassen sich aber auch gut aus Samen züchten. Anfangs vielleicht eine Herausforderung, umso schöner, wenn die Anzucht gelingt. Und wie fängt man an?

**1. IM FACHHANDEL/GARTENCENTER** kauft man Samen (dabei auf das Haltbarkeitsdatum achten, denn alte Samen haben oft keine Keimkraft mehr!) sowie Aussaaterde (leicht und durchlässig, frei von Unkraut und Krankheitserregern, optimal für das Wachstum der Jungpflanzen).

**2. PFLANZGEFÄẞE VORBEREITEN.** Für die Aussaat sind am besten flache und breite Kunststoffschalen geeignet, es geht aber auch mit Pflanztöpfen oder kleinen Tonschalen. Haushaltsübliche Lebensmittelbehälter, z. B. Joghurtbecher kann man ebenfalls verwenden (an die Öffnungen im Boden denken!). Alle müssen sauber sein!

**3. DIE BEHÄLTER WERDEN IN SCHICHTEN BEFÜLLT.** Zuerst die Drainageschicht (z. B. kleine Tonscherben, grober Kies oder Blähton), dann eine ca. 1–2 cm dicke Torfschicht verteilen (um das Aufsaugen des Wassers zu erleichtern) und zuletzt die gesiebte Aussaaterde auftragen (der Behälter wird dabei bis ca. bis ¾ seiner Höhe gefüllt). Das Ganze wird z. B. mit einem Lineal geebnet, sodass sich die Bodenoberfläche etwa 2–3 cm unter dem oberen Rand des Behälters befindet (so wird das Gießwasser gleichmäßig versickern).

**4. DIE SAMEN WERDEN GLEICHMÄSSIG VERTEILT.** Gerne kann ein in der Mitte gefaltetes Papierblatt als Aussaathilfe verwendet werden, aus der durch das Antippen mit dem Zeigefinger die Samen langsam herausfallen. Die Samen werden am besten am Ende der Winterperiode, im März, ausgesät. Es ist jedoch auch eine zeitversetzte, ganzjährige Aussaat möglich, um immer junge, wertvolle Kräuter zu haben.

**5. NACH DER AUSSAAT WERDEN DIE SAMEN MIT SAND ODER MIT FEINER AUSSAATERDE ZUGEDECKT.** Die Abdeckschicht sollte etwa doppelt so hoch sein, wie die Samen dick sind. Sehr kleine Samen werden gar nicht zugedeckt. Das Aussaatdatum und die Bezeichnung der Samen auf ein kleines Etikett schreiben und dieses im Behälter platzieren.

**6. DIE AUSSAATFLÄCHE WIRD JETZT GEGOSSEN.** Es erfordert eine gewisse Präzision – deshalb lohnt es sich, hier eine Sprühflasche oder eine kleine Gießkanne mit Brauseaufsatz zu verwenden. Die Samen müssen ausreichend gegossen werden, am besten täglich in den Morgen- oder Vormittagsstunden. In der Regel setzt innerhalb weniger Tage die Keimung ein. Falls die Sämlinge zu dicht wachsen, können die überzähligen Pflänzchen ausgedünnt werden, um mehr Licht- und Wurzelraum für die übrigen Pflanzen zu sichern. Sind die Sämlinge größer, können sie pikiert/eingetopft werden.

# Anbau im Garten

Ein Universalrezept für die Kräuterzucht im Garten gibt es nicht. Allerdings erlauben die meisten Arten einen Anbau in der gegenseitigen Nachbarschaft und nach den allgemein geltenden Regeln der Gartenkunst.

## Was muss man beachten?

Im Frühjahr wird die Erde mit der Zugabe von Kompost oder Holzasche mindestens 20 cm tief umgegraben. Am besten eignet sich eine Spatengabel für diesen Zweck. Achtung: Bei der Vorbereitung des Bodens sollte hartnäckiges Unkraut (z.B. Quecken oder Ackerwinde) entfernt werden, welches sich sonst schnell ausbreiten kann. Die Ausläufer dabei vorsichtig herausziehen, um sie nicht zu durchtrennen, denn das fördert ihre Ausbreitung.

Die vorgezogenen Jungpflanzen werden erst nach dem 15. Mai ausgepflanzt, wenn die Bodenfrostgefahr vorbei ist. Die beste Pflanzzeit ist am späten Nachmittag, wenn die Sonne sich bereits neigt und die Erde noch warm ist. Gepflanzt wird in Abständen von 30–50 cm, damit die wachsenden Pflanzen genug Licht, Wasser und Nährstoffe für ihre Entwicklung bekommen. Die wichtigste Pflegemaßnahme gleich nach dem Einpflanzen und während des Anbaus ist das Gießen. Besser ist es seltener und ausgiebiger, als häufig und sparsam zu gießen.

# Anbauschritte

**1. VORBEREITUNG DES BODENS**

- den Boden, mit Zugabe von Kompost, min. 20 cm tief umgraben
- falls sich ausläuferbildendes Unkraut in der Erde befindet, wird es komplett entfernt
- den Boden mit dem Rechen glatt ziehen und die Erdklumpen dabei zerkleinern
- wenn Holzasche zur Verfügung steht, diese auf der Oberfläche dünn auftragen
- den Boden mit Wasser aus der Gießkanne befeuchten.

## 2. EINPFLANZEN DER SETZLINGE

- die Setzlinge mehrere Stunden vor dem Einpflanzen gut wässern
- direkt vor dem Einsetzen die Pflanzen aus den Behältern herausnehmen
- die Pflanzen in der Vertiefung so platzieren, dass die Wurzeln nicht umgeknickt werden
- nach dem Einsetzen die Erde um die Jungpflanzen auffüllen und andrücken, damit sich eine kleine Gießmulde bildet, um das Wasser an die Wurzeln der Pflanzen zu leiten
- die Pflanzen aus einer Gießkanne mit Brauseaufsatz üppig gießen

## 3. GIEẞEN IN DER WACHSTUMSPHASE

- die Pflanzen regelmäßig und ausreichend mit Wasser versorgen, vor allem im Frühjahr, wenn sie intensiv wachsen und auch während längerer Trockenheit
- die Pflanzen beobachten, um das Anwelken zu verhindern
- der Boden darf nicht verkrusten und sollte immer wieder aufgehackt werden

## 4. ANDERE PFLEGEMAẞNAHMEN

- das Unkraut lässt sich am besten bekämpfen, wenn die Pflänzchen noch klein sind und inklusive Wurzeln entfernt werden
- vergilbte Blätter regelmäßig abschneiden, auch solche, die durch Schädlinge oder Krankheitserreger befallen sind. Bei großflächigen Schäden muss die ganze Pflanze entfernt werden
- große, mehrjährige Pflanzen, wie Rosmarin und Salbei werden im Herbst direkt an ihrem Ansatz mit einer Mulchschicht aus Erde oder Kompost gegen Frost geschützt
- einige mehrjährige Kräuter werden im 2. Wachstumsjahr zurückgeschnitten, etwa auf 25 cm, um die Neubildung der Triebe anzuregen

## 5. ERNTE

- ob Blätter oder Kraut – geerntet wird in der ganzen Vegetationszeit, am besten am Vormittag, wenn der Morgentau bereits verdunstet ist
- nur gesunde Pflanzenteile pflücken, ohne Verfärbungen oder Schädlingsspuren
- nicht mehr als 1/5 der Blätter einer Pflanze ernten, dabei die größten Blätter zuerst pflücken
- bei der Pfefferminze werden ganze Triebe abgeschnitten, denn das regt das Wachstum an.

# Anbau im Haus und auf dem Balkon

Die meisten Kräuter wachsen gut als Topfpflanzen im Haus oder auf dem Balkon. Sie kommen mit wenig Platz gut aus. Allerdings reagieren sie empfindlicher auf Pflegefehler, als ihre Artgenossen im Garten. Ganz besonders betrifft das die Bodenfeuchtigkeit.

Vor dem Einpflanzen der Kräuter muss man beachten, dass sich auf dem Boden des Pflanzgefäßes eine 2–3 cm dicke Drainageschicht befindet, z. B. aus kleinen Tonscherben, dickem Kies oder Blähton. Bei zu viel Feuchtigkeit erleichtert eine solche Drainage den Abtransport über das Abflussloch am Boden.

Die Erde in den Töpfen trocknet schnell aus, und zwar nicht nur oberflächlich, besonders auf dem Balkon oder der Terrasse.

# Ausgewählte Anbauschritte

Aus diesem Grund werden die Kräuter üppig gegossen, wenn der Boden leicht angetrocknet ist. Häufiges, sparsames Gießen soll dagegen vermieden werden, weil das Wasser eventuell nicht zu allen Schichten durchdringt. Die beste Zeit zum Gießen ist am Vormittag, mit lauwarmem Wasser. Falls die Pflanzen einmal zu viel Wasser bekommen haben, kann es tagsüber noch verdunsten.

**1. VORBEREITUNG DES BODENS**

- die Erde wird unmittelbar auf die im Gefäß befindliche Drainageschicht gefüllt und leicht angedrückt
- unter dem oberen Gefäßrand ca. 3–5 cm Platz lassen
- die Erde leicht angießen

**2. EINPFLANZEN DER SETZLINGE**

- vor dem Einpflanzen die Setzlinge gut wässern
- direkt vor dem Einsetzen die Pflanzen aus den Behältern herausnehmen
- die Pflanzen in der Vertiefung so platzieren, dass die Wurzeln nicht umgeknickt werden
- die Erde um die Pflanze herum leicht andrücken
- auf der Erde die letzte Schicht verteilen: kleinen Kies oder feinen Rindenmulch
- mit einer Gießkanne mit Brauseaufsatz die Pflanzen vorsichtig gießen

### 3. GIEßEN IN DER WACHSTUMSPHASE

- die Pflanzen werden aus einer Gießkanne mit einem weichen Wasserstrahl gegossen
- gegossen wird einmal am Tag – morgens oder am Vormittag
- die Pflanzen beobachten – sie dürfen nicht anwelken und der Boden soll nicht verkrusten

### 4. ANDERE PFLEGEMAßNAHMEN

- vergilbte Blätter regelmäßig abschneiden, auch solche, die durch Schädlinge oder Krankheitserreger befallen sind. Bei großflächigen Schäden sollte die ganze Pflanze entfernt werden
- falls die Bodenoberfläche verdichtet ist, kann sie mithilfe eines kleinen Holzstäbchens oder einer alten Gabel wieder aufgelockert werden, dabei nicht zu tief in der Erde graben, um die Wurzeln nicht zu verletzen
- Pflanzen mit feinen Blättern, z. B. Basilikum, werden im Sommer an heißen, trockenen Tagen mit lauwarmem Wasser angesprüht, um so die Luftfeuchtigkeit zu erhöhen

### 5. ERNTE

- ähnlich wie beim Kräuteranbau im Garten

# Welche Kräuterkrankheiten gibt es?

Beim Minianbau in Töpfen und im Garten für den häuslichen Bedarf werden die Kräuter selten krank, vor allem, wenn sie den richtigen Standort und Boden haben und entsprechend gegossen und gedüngt werden. Durch das Einsprühen mit ökologischen Präparaten, z. B. aus Knoblauch, Schachtelhalm oder Brennnessel, werden die Kräuter zusätzlich gestärkt und geschützt. Falls die Pflanzen jedoch hochgradige Schäden aufweisen, sollten sie schnell inkl. Boden aus dem Topf oder – beim Anbau im Garten – mit dem Wurzelballen beseitigt werden. Auch das Unkraut gehört entfernt, am besten gleich, nachdem es sichtbar wird, denn es nimmt den Kräutern Licht, Wasser und die Nährstoffe weg und außerdem ist es eine potenzielle Infektionsquelle für Krankheiten oder Ursprung des Schädlingsbefalls. Darüber hinaus sollte man aufmerksam gießen: Besser ist es, wenn die Kräuter nicht ganz so oft, dafür üppiger gegossen werden, als häufig und sparsam; zu viel Wasser, vor allem in einem Pflanzgefäß, ist gefährlich, denn die Wurzeln können an Sauerstoffmangel ersticken. Im Garten darf man den Platz für die Kräuter lieber großzügig einplanen – das ist wichtig für ihr gesundes Wachstum und beugt der Entstehung übermäßiger Feuchtigkeit und gegenseitiger Beschattung der Pflanzen vor. Typische Krankheiten und Schädlinge der Kräuter:

## Wissenswertes

Einige aromatische Küchenkräuter, wie Basilikum, Bohnenkraut oder Koriander wirken auf Schädlinge abschreckend.

## Krankheiten

**GRAUSCHIMMEL** befällt u. a. Basilikum, Bohnenkraut, Majoran, Salbei, Thymian. Kommt häufiger bei Gartenkulturen vor. Die Fäulnisstellen sind mit einem Pilzrasen überzogen.

**ROSTKRANKHEITEN** kommen z. B. bei Minze und Bohnenkraut vor. Ihre Symptome äußern sich zuerst als orangefarbene, dann rostbraune Flecken an den Blättern. An den Blattunterseiten bilden sich erhabene, bräunliche Pusteln.

**BLATTFLECKENKRANKHEITEN** treten z. B. bei Basilikum und Majoran auf. Graue oder bräunliche Flecken an den Blättern oder Stängeln sind die Krankheitsanzeichen.

**ECHTER MEHLTAU** ist bekannt u. a. bei Pfefferminze. Charakteristisch für ihn sind Flecken mit einem weißen, mehligen Belag oder grauviolette Flecken mit Pünktchen.

**CERCOSPORA-BLATTFLECKENKRANKHEIT** befällt u. a. Koriander. Die Anzeichen für diesen Befall sind als längliche gelbe oder graubraune Flecken mit einem rostbraunen Belag an Blättern, Stängeln und Blütenkelchen zu sehen.

**SEPTORIA-BLATTFLECKENKRANKHEIT** kann bei Melisse auftreten. Zu erkennen durch relativ kleine, runde, braune Flecken mit einer Umrandung.

## Schädlinge

**ZWERGZIKADEN** kommen u. a. bei Bohnenkraut, Thymian, Lavendel, Melisse, Pfefferminze und Salbei vor. Diese Schädlinge saugen Saft aus den Blättern. Die Blatthaut wird dabei angestochen. Es entstehen kleine helle Flecken, die mit der Zeit gelblich werden und sich später über das ganze Blatt ausbreiten.

**BLATTWANZEN** befallen z. B. Basilikum, Bohnenkraut, Koriander, Minze und Majoran. Sie saugen den Pflanzensaft der Blätter aus, welche verkümmern, sich einrollen und an den Einstichstellen braun werden.

**BLATTLÄUSE** treten u. a. bei Basilikum, Majoran, Melisse und Salbei auf. Sie bilden an den befallenen Pflanzen zahlreiche Kolonien und verursachen Kümmerwuchs der Triebspitzen, junge Blätter kräuseln und rollen sich ein.

**FLOHKÄFER,** ihr Befall wird beobachtet bei z.B. Bohnenkraut, Melisse und Minze. Anzeichen dafür sind rundliche oder unregelmäßige Löcher in den Blättern. Die Blätter können darauf hin braun werden.

**SPINNMILBEN** kommen u.a. bei Basilikum und Salbei vor. Auf der Blattoberseite entstehen kleine, weiße Flecken. Mit der Zeit werden sie gelb, dann braun. Auf der Unterseite der Blätter bildet sich ein mehliger Belag.

**SCHILDKÄFER** verursachen Schäden u.a. bei Melisse und Minze. Durch den Befall entstehen ovale Löcher in den Blättern, die Blätter sind verformt.

**MINIERFLIEGEN** befallen u.a. Majoran. Auf den Blättern bilden sich schlangenlinienartige Fraßgänge.

**HADENINAE,** eine Unterfamilie der Eulenfalter. Sie greifen u.a. Salbei an. Das Schadbild weist Löcher in den Blättern oder einen kompletten Blattfraß auf, bei dem die stärksten Blattadern übrig bleiben.

**BRENNNESSEL-PRÄPARAT** wird prophylaktisch und bei Vorkommen von Pilzkrankheiten und Schädlingen sowie als stickstoffreicher Dünger angewandt.
HERSTELLUNG: 1 kg frische Brennnesseln mit 10 l Wasser übergießen und 2 Wochen lang stehen lassen, dabei täglich umrühren (den Behälter nicht zudecken). Den Auszug durch ein Sieb gießen und unverdünnt die Pflanzen damit besprühen oder auf die Erde geben.

# Kräuter natürlich schützen

Aus Brennnesseln und dem frischen oder getrockneten Schachtelhalm (ohne Wurzeln) und auch aus Knoblauchzehen kann man natürliche Pflanzenschutzmittel zur Anwendung an Kräutern herstellen, um Krankheiten und Schädlingsbefall einzudämmen.

**SCHACHTELHALM-PRÄPARAT** wird bei einem Schädlingsbefall eingesetzt.
HERSTELLUNG: 200 g klein geschnittene Pflanzen mit 10 l Wasser übergießen und für 3–7 Tage stehen lassen, dabei täglich umrühren. Den Auszug durch ein Sieb gießen und unverdünnt auf die Blätter sprühen.

**KNOBLAUCH-PRÄPARAT** wird vorbeugend und bei Auftreten von Pilzkrankheiten verwendet.
HERSTELLUNG: 100 g zerdrückte Knoblauchzehen mit 10 l Wasser übergießen und für 24 Stunden stehen lassen. Den Auszug durch ein Sieb gießen und unverdünnt auf die Blätter sprühen.

# Ausgewählte Kräuter

einjährige Pflanze

# Basilikum

*(Ocimum basilicum)*

**PFLANZENMERKMALE:** Das Basilikum wird 50–70 cm groß. Seine Blätter sind grün oder rot-violett, glänzend. Die Blüten können weiß oder zartrosa sein und wachsen in achselständigen Trugdolden. Die Blütezeit ist zwischen Juli und September. Charakteristisch für Basilikum ist sein starkes Aroma.

**WIRKUNG UND VERWENDUNG:** Basilikum hat antibakterielle Eigenschaften (und kann als Kräuterauszug z. B. bei Entzündungen der Schleimhäute angewendet werden), es wirkt bei Blutarmut (empfohlen wird ein Aufguss aus frischen Blättern) und verringert Übelkeit sowie Juckreiz nach Mückenstichen (einige frische Blätter mit den Fingern zerreiben und auf die Stichstelle legen). Der Verzehr von Basilikum unterstützt den Verdauungsapparat (wirkt z. B. gegen Blähungen) und wird bei Unruhe und Verstimmung empfohlen. In der Küche harmonieren frische Blätter sehr gut mit Tomatenspeisen sowie mit Salaten und verschiedenen Gerichten aus Erbsen, Pilzen und Gurken.

**HERKUNFT:** Vermutlich aus der tropischen Zone Afrikas. Aktuell kommt Basilikum nur als Kulturpflanze vor.

einjährige Pflanze

# Bohnenkraut

*(Satureja hortensis)*

**PFLANZENMERKMALE:** Das Bohnenkraut wird durchschnittlich ca. 25 cm hoch, kann manchmal aber auch eine Höhe von bis zu 60 cm erreichen. Charakteristisch sind stark verzweigte Stängel, welche von unten nach oben verholzen. Die Blätter haben eine lanzettliche, schmale Form. In den oberen Blattachseln wachsen einige unscheinbare weiße oder rosa-lila Blüten mit einem angenehmen Duft. Die Blütezeit ist zwischen Juli und August.

**WIRKUNG UND ANWENDUNG:** Der Teeaufguss aus Bohnenkraut wird als ein krampflösendes, antibakterielles Heilmittel angewandt, es wirkt gegen Durchfall und regt die Bildung von Magensaft an. In der Vergangenheit galt es als Aphrodisiakum. Das Bohnenkraut mit seinem kräftigen Aroma und intensiven Geschmack wird gerne in der Küche verwendet. Besonders die jungen Blätter an den Triebspitzen haben einen sehr zarten Duft und passen gut zu Salaten. Mit den ganzen Triebspitzen können Bohnenspeisen, Aufläufe, Gurken, verschiedene Fleisch- und Fischsorten sowie diverse Suppen gewürzt werden.

**HERKUNFT:** Mittelmeerküste und Kleinasien

# Koriander

einjährige Pflanze

*(Coriandrum sativum)*

**PFLANZENMERKMALE:** Koriander erreicht eine Größe von 60–120 cm und sein Stängel ist im oberen Bereich verzweigt. Die grundständigen Blätter wachsen ungeteilt, die oberen sind gezackt und erinnern an glatte Petersilie. Koriander blüht in weiß oder hellrosa in der Zeit von Juni bis Juli.

**WIRKUNG UND ANWENDUNG:** Korianderfrüchte wirken sich positiv auf die Verdauung aus (sie regen die Bildung der Verdauungssäfte an, sind leicht gallentreibend und wirken beruhigend bei einer übermäßigen Fermentation im Magen-Darm-Trakt). Sie werden auch als Gewürz geschätzt, vor allem für Fleisch- und Eiergerichte sowie für Soßen. Ihr Aroma ist intensiv, würzig und der Geschmack etwas scharf. Die Blätter dienen zum Würzen von Suppen, Salaten und Reis.

**HERKUNFT:** östliche Regionen des Mittelmeerraums

einjährige Pflanze

# Garten-Majoran

*(Origanum majorana)*

**PFLANZENMERKMALE:** Der kälteempfindliche Majoran wird in unserem Klima als eine einjährige Pflanze angebaut, jedoch zu Hause, in ein Gefäß gepflanzt, lässt er sich überwintern und kann ein weiteres Jahr wachsen. Die Majoranzweige sind relativ fest und stark verzweigt, sie erreichen eine Höhe bis zu 50 cm. Seine Blätter sind klein, er blüht im Juli und August und bildet kleine, weiße Blüten.

**WIRKUNG UND ANWENDUNG:** Die Pflanze verringert Magen- und Darmkrämpfe, sie wirkt adstringierend und hilft bei Verdauungsbeschwerden. Ein Teeaufguss aus Majoran wirkt gegen Erkältungen und schlecht heilende Wunden (er wirkt bakteriostatisch und entzündungshemmend). Diese Heilpflanze ist ein beliebtes Küchengewürz mit einem leicht scharfen Geschmack. Majoran ist sehr gut zum Würzen von fetten und schwer verdaulichen Gerichten geeignet, z. B. Suppen (Erbsensuppe!), Soßen und Braten, da er diese leichter verträglich macht. Auch zu Salaten und Omelettes passt er ausgezeichnet. Majoran macht sich auch sehr schön als Verzierung von Vorspeisen.

**HERKUNFT:** Mittelmeerraum

mehrjährige Pflanze

# Oregano, Echter Dost

*(Origanum vulgare)*

**PFLANZENMERKMALE:** Die Pflanze erreicht eine Höhe von 60–80 cm. Ihre Blätter sind eiförmig und die zahlreichen Blüten tragen die Farben lila, rosa oder rot. Oregano blüht zwischen Juli und September. Der intensive, aromatische Duft erinnert an Thymian. Oregano wird auch als „Wilder Majoran" bezeichnet.

**WIRKUNG UND ANWENDUNG:** Der Dost steigert die Magensaftsekretion (ein Teeaufguss aus dieser Pflanze wird bei Verdauungsbeschwerden und Aufstoßen empfohlen), wirkt gegen Blähungen und hat antibakterielle Eigenschaften. Er hilft auch bei rheumatischen Erkrankungen und bei einer Magen-Darm-Grippe sowie bei Entzündungen der oberen Atemwege. Als Küchenkraut wird Oregano sehr gerne zum Würzen von Pizza, Salaten, Suppen, Soßen, Tomaten, Käse und Möhren genommen. Auch als Fisch- und Fleischgewürz ist der Dost vorzüglich.

**HERKUNFT:** Mittelmeerraum

# Zitronenmelisse

mehrjährige Pflanze

*(Mellissa officinalis)*

**PFLANZENMERKMALE:** Die Pflanze wird bis zu 80 cm hoch. Ihre Blätter sind herzförmig mit gezackten Rändern und haben eine hellgrüne Farbe (es gibt aber auch gelb-grüne Sorten). Die Melissenblüten – weiß oder rosa – wachsen zwischen Juni und September aus den Blattachseln heraus. Die Pflanze hat einen typischen, zitronigen Duft und ist stark nektarspendend.

**WIRKUNG UND ANWENDUNG:** Ein Teeaufguss aus Melisse wird hauptsächlich als ein sanftes Beruhigungsmittel (bei einer allgemeinen nervösen Unruhe, bei Schlafstörungen und Herzklopfen) aber auch als ein antibakterielles und antivirales Mittel verwendet. Ein frisches Melissenblatt oder ein -stängel aus dem eigenen Garten oder vom Balkon ist eine willkommene Zugabe in Erfrischungsgetränken. Ein Aufguss aus frischem Melissenkraut kann einen Tee mit Zitrone ersetzen. Mit den Blättern lassen sich Soßen, Salate, Geflügelspeisen, Reis, Eier und Fisch gut würzen. Auch in einem Quark oder als Smoothie kann man sie verwenden. Vorsicht: Die Melissenblätter sind sehr zart und dürfen deshalb nur vorsichtig gepflückt werden, damit sie das wertvolle ätherische Öl – und damit ihr subtiles Aroma – nicht verlieren.

**HERKUNFT:** Mittelmeerraum

# Pfefferminze

mehrjährige Pflanze

*(Mentha piperita)*

**PFLANZENMERKMALE:** Die Minze erreicht eine Höhe zwischen 30–90 cm. Sie bildet einen aufrechten und verzweigten Stängel. Ihre länglichen, an den Rändern unregelmäßig gezackten Blätter sind entweder ganz grün oder grün auf der oberen und rot auf der unteren Blattseite. Es gibt aber auch zahlreiche Sorten mit gemischter Färbung. Die rosaroten Blüten sind sehr zierlich. Die Blütezeit dauert von Juni bis Juli.

**WIRKUNG UND ANWENDUNG:** Der wichtigste Bestandteil der Pfefferminze ist das Menthol mit seiner antibakteriellen und leicht schmerzstillenden Wirkung. Pfefferminzkraut wirkt verdauungsfördernd, gallentreibend und hilft gegen Blähungen. Es ist auch ein Appetitanreger und Blutdrucksenker. Die Pflanze ist in der Küche sehr beliebt. Aus Pfefferminze lassen sich hervorragende Erfrischungsgetränke zubereiten und sie ist eine geschätzte Zutat für verschiedene Cocktails. Sie schmeckt sehr lecker in Brotaufstrichen mit Frischkäse/Quark, Obst- oder Gemüsesalaten. Auch für Lammgerichte ist Minze als Gewürz gut geeignet. Für die Verwendung in Soßen oder Füllungen kann sie gerne zusammen mit anderen Kräutern, wie z. B. Bohnenkraut oder Salbei, verwendet werden.

**HERKUNFT:** China und Japan

mehrjährige Pflanze

# Rosmarin

*(Rosmarinus officinalis)*

**PFLANZENMERKMALE:** Der Rosmarin ist ein Strauch, der bis zu 80 cm groß werden kann. Die Form seiner Blätter ist schmal und lanzettlich. Die Blüten – blau oder rosa – erscheinen im Frühjahr oder im Sommer.

**WIRKUNG UND ANWENDUNG:** Rosmarin wirkt beruhigend bei Darmkrämpfen, Gallenblasen- und Harnwegsbeschwerden. Ein Teeaufguss mit Rosmarin hilft bei allgemeiner Schwäche – er stärkt das Wohlbefinden. In der Küche hat er sich zum Würzen von Braten aus verschiedenen Fleischsorten, Nudelspeisen, Eiern, Kartoffeln sowie zum Abschmecken von Suppen und Soßen bewährt. Rosmarin darf nur sparsam verwendet werden, denn in zu hohen Mengen kann er eine schädliche Wirkung z. B. als Magen-Darm-Beschwerden haben. Sein Geschmack ist leicht bitter und der Duft sehr intensiv.

**HERKUNFT:** Mittelmeerraum

mehrjährige Pflanze

# Salbei

*(Salvia officinalis)*

**PFLANZENMERKMALE:** Der Salbei ist ein kleiner Strauch, der zwischen 40–60 cm Größe erreicht und sich stark verzweigt. Seine Blüten sind meistens blau-violett, seltener rosa oder weiß. Die Form der Blätter ist oval oder lanzettlich, sie sind grau-grün. Typisch für Salbei sind der balsamische Duft der Blätter und ihr pikant-herber Geschmack.

**WIRKUNG UND ANWENDUNG:** Salbei wirkt entzündungshemmend, adstringierend und antibakteriell. Der Teeaufguss wird bei Verdauungsbeschwerden (begünstigt die Magensaftsekretion), Leber- und Nierenerkrankungen empfohlen und um die Milchbildung zu hemmen. Des Weiteren senkt Salbei den Blutzuckerspiegel. Es stärkt das Zahnfleisch, wenn man es mit einem frischen Salbeiblatt einreibt. Salbeitee kann als Mundspülung bei Entzündungen der Mundhöhle verwendet werden. Auch als Küchenkraut ist Salbei sehr beliebt. Als Gewürz für fette Fleischsorten, Salate und Omelettes, als Zugabe zum Käse und gebratenem Fisch. Er sollte jedoch mit Bedacht verwendet werden.

**HERKUNFT:** Mittelmeerraum

mehrjährige Pflanze

# Thymian

*(Thymus vulgaris)*

**PFLANZENMERKMALE:** Thymian hat eine Strauchform und wird ca. 20–50 cm groß. Er hat unscheinbare violette oder rosafarbene Blüten, ist stark verzweigt und seine Stängel verholzen von unten nach oben. Die Thymianblätter sind zierlich und oval geformt. Die Blütezeit fällt in den Mai und Juni.

**WIRKUNG UND ANWENDUNG:** Thymian hat starke antibakterielle Eigenschaften und wirkt gegen Toxine – er mildert ihre Folgen und bekämpft Darmparasiten. Als Teeaufguss hilft die Pflanze sehr gut bei Erkältungskrankheiten der Atemwege, ist verdauungsfördernd (vor allem bei fetten Speisen) und fördert den Stoffwechsel. In der Küche wird Thymian vor allem zum Würzen von Fleisch, Soßen, Pizza, Bratkartoffeln sowie Speisen aus Hülsenfrüchten und Tomaten verwendet.

**HERKUNFT:** Mittelmeerraum

# Kräuter haltbar machen und aufbewahren

Frische Kräuter gibt es eine relativ kurze Zeit. Um diese ganzjährig zur Verfügung zu haben, kann man sie z. B. in einem Topf auf dem Fensterbrett kultivieren oder sie entsprechend aufbewahren. Kräuter lassen sich einfrieren – bei diesem Vorgang behalten die jungen Blätter ihre Farbe und ihr Aroma sowie die meisten der verfügbaren Nährwerte. So aufbewahrt, sind sie ca. 4–9 Monate lang zum Verzehr geeignet. Sie lassen sich auch mit einer einfachen Methode trocknen – danach kann man die Kräuter, so wie sie getrocknet sind, in dunklen, luftdicht verschließbaren Gefäßen (am besten aus Glas) bis zu einem Jahr aufbewahren und verwenden.

## Einfrieren

Diese Methode wird besonders empfohlen für zarte und saftige Kräuter, wie z. B. Basilikum, Minze oder Bohnenkraut. In dieser Form aufbewahrt, bieten die Kräuter eine aromatische Zugabe für verschiedene Speisen und Soßen.

1 Frische Kräuter kurz mit Wasser abspülen und mit einem Papierküchentuch abtrocknen.

2 Die Blätter vom Stängel abzupfen bzw. klein schneiden, in Druckverschlussbeutel oder Behälter füllen.

3 Die Behälter/Beutel beschriften (Kräuterart, Einfrierdatum)

4 Anschließend diese zusätzlich in eine weitere Verpackung hineinlegen – damit die Kräuter keine fremden Gerüche aus der Gefriertruhe annehmen. Eine andere Möglichkeit ist das Einfrieren in Eiswürfeln. Dazu wird die saube-

re Pflanze klein gehackt bzw. die Blätter vom Stiel abgezupft und in einer Eiswürfelform platziert. Jetzt die Form mit kaltem Wasser auffüllen und einfrieren. Die fertigen Eiswürfel sollten am besten aus der Eiswürfelschale entnommen und in einem separaten, dicht verschließbaren Behältnis oder Folienbeutel (mit Beschriftung – Datum und Kräuterart) in der Gefriertruhe aufbewahrt werden. So lassen sich auch Kräutermischungen vorbereiten und Eiswürfel mit Kräutern passen gut als Zugabe in Erfrischungsgetränken.

## Trocknen

Gewürzkräuter, wie Thymian, Salbei, Rosmarin, Melisse oder Minze sind gut zum Trocknen geeignet. Wenn man es richtig macht, bewahren sie ihre natürliche Farbe, bilden keinen Staub, bleiben fest und gleichzeitig elastisch; die Blätter zerbröseln erst, wenn man sie zerdrückt und die Stängel lassen sich leicht knicken.

1 Die Pflanzen werden bei sonnigem Wetter geerntet, wenn Morgentau oder Regen verdunstet sind. Nun müssen sie sortiert werden (nur die besten auswählen; wenn sie verschmutzt sind, können sie vorsichtig mit Wasser abgespült und mit einem Papierküchentuch abgetrocknet werden).

2 Einen geeigneten Ort zum Trocknen wählen. Kräuter lassen sich gut auf Dachböden, in kleinen Speichern oder überdachten Gartenlauben trocknen. Der Ort sollte luftdurchlässig (mit guter Belüftung), sauber (und ohne fremde Gerüche) sowie schattig sein – das sorgt für gute Qualität der getrockneten Kräuter. Ist der Raum dagegen kalt oder feucht, können die Kräuter verschimmeln (deswegen ist die Küche nicht gut dazu geeignet). Kräuter kann man auch in einem elektrischen Dörrautomaten trocknen, den man sonst zum Trocknen von Obst und Pilzen verwendet.

3 Sind die Kräuter geerntet, sollte man schnell mit ihrem Trocknen beginnen. Zarte Blätter oder Triebspitzen können in einer dünnen Schicht auf einer luftdurchlässigen Unterlage zum Trocknen ausgebreitet werden (z. B. auf einem Rahmen mit eingespanntem Stoff, auf einem mit Baumwolltuch oder einer Strohmatte bedeckten Wäscheständer oder in einer Kiste mit Siebeinsatz). Es lassen sich auch ganze Pflanzen trocknen. Sie werden dazu in kleinere Bündel eingeteilt, mit einem Garn gebunden und kopfüber, in lockeren Abständen nebeneinander aufgehängt. Falls der Raum etwas staubbelastet ist, kann man die Kräuterbündel leicht mit Papier von oben umwickeln, jedoch müssen sie unten offen bleiben. Was wichtig ist: Die Pflanzen sollten so kurz wie möglich getrocknet werden. Kräuter mit einem starken Duft müssen mit größerem Abstand von anderen Kräuterbündeln getrocknet werden – damit ihr Geruch sich nicht auf die anderen Pflanzen legt.

4 Die getrockneten Gewürzkräuter werden vorsichtig verpackt, um ihr Zerbröseln zu ver-

meiden (falls nur die Blätter benötigt werden, kann man sie von den Stielen abzupfen und ganze Blätter verpacken). Die besten Aufbewahrungsbehälter sind aus dunklem (grünem oder braunem) Glas. Nicht zu vergessen ist das Etikett mit Bezeichnung der Pflanze und Erntedatum.

Die Gläser sollten luftdicht verschlossen werden – so sind die Kräuter gegen Insekten geschützt. Der optimale Standort für die Behälter ist in trockenen, luftdurchlässigen und vor der direkten Lichteinstrahlung geschützten Räumen. Regelmäßig sollten die Gläser kontrolliert werden, um die Qualität der Kräuter zu prüfen – ob sich kein Schimmel und keine Feuchtigkeit gebildet haben und sie frei von Insekten sind. Nach einem Jahr werden die nicht verbrauchten Vorräte gegen neue Kräuter ausgetauscht.

## Wissenswertes

Die optimale Temperatur zum Trocknen von Oregano, Melisse, Thymian, Minze, Rosmarin, Salbei, Bohnenkraut und Basilikum liegt bei 30–35 °C. Eine starke Sonneneinstrahlung und plötzliche Erwärmung sind nicht empfohlen und verursachen eine Verhärtung des äußeren Pflanzengewebes und den Verlust zahlreicher Eigenschaften der Kräuter.

# Köstliche Rezepte

# Kokosmilch-Porridge mit Minze und Zitronenthymian

## Zutaten

### für 2 Personen

- ca. ½ Tasse (50–60 g) Haferflocken
- ca. 2 Tassen (500 ml) Kokosmilch (andere Milch geht auch)
- 2 EL Pekannüsse (oder Walnüsse)
- 1 kleiner Apfel
- 2 EL Ahornsirup
- eine Prise Zimt
- eine Prise Kurkuma
- ein paar Tropfen Zitronensaft
- ein paar Blätter frischer Zitronenthymian
- ein paar Blätter frische Minze

20 Min.

Die Haferflocken in einen Kochtopf geben, mit Milch übergießen und ca. 15 Minuten kochen, bis sie weich werden. In einer Pfanne die Nüsse ohne Zugabe von Fett rösten und umfüllen. Die Äpfel in dünne Scheiben schneiden und in die Pfanne geben. Ahornsirup, Zimt und Kurkuma hinzufügen und alles mit Zitronensaft und Thymian würzen. Die Äpfel schonend im eigenen Saft dünsten, sie dürfen nicht zu weich werden. Jetzt den Porridge in eine Schüssel umfüllen, die Äpfel darauf verteilen und mit dem Saft aus der Pfanne übergießen. Zum Schluss geröstete Nüsse und frische Minze- und Thymianblätter auf den Porridge streuen.

**Unser Tipp:** Nüsse rösten – wie geht das? Man gibt sie in eine heiße Pfanne ohne Fettzugabe und röstet sie bei mittlerer Hitze einige Minuten lang – dabei die Pfanne öfter schwenken, damit die Nüsse nicht anbrennen. Sie sind fertig, wenn sie ihren Duft entfalten.

# Kichererbsenaufstrich mit Thymian und Rucola

10 Min.

Die Kichererbsen abtropfen lassen und in eine Schüssel umfüllen. Die geschälten und klein gehackten Knoblauchzehen, abgezupfte Thymianblättchen, Rucola, Chili, Olivenöl und Tahini-Paste hinzufügen und mit Salz und Pfeffer abschmecken. Die Mischung pürieren, bis eine gebundene Masse entsteht. Der Aufstrich schmeckt auf einer warmen Brotscheibe, zum Beispiel mit Tomate.

## Zutaten

für 4 Personen

- 1 Dose (oder Glas) gekochte Kichererbsen
- 1–2 Knoblauchzehen
- ein paar Stängel frischer Zitronenthymian (oder normaler frischer Thymian)
- eine Handvoll Rucola
- eine Prise Chiliflocken (oder ½ rote Chilischote fein gehackt)
- 2 EL Olivenöl extra vergine
- 2 EL Tahini-Paste
- Salz
- Pfeffer

# Kokos-Ananas-Cocktail mit Minze

10 Min.

## Zutaten

*für 4 Personen*

- 1/3 frische Ananas
- 1 Dose Kokosmilch
- 1 l Mineralwasser
- 1 EL Kokosflocken
- eine Handvoll Minze und ein paar Blättchen zum Verzieren
- Honig oder Agavensirup (optional)

Die Ananas schälen und in kleinere Stücke schneiden. Die übrigen Zutaten in ein Gefäß für die Zubereitung des Cocktails geben. Alles zusammen gut pürieren und anschließend im Kühlschrank abkühlen lassen. Mit Eiswürfeln und frischen Minzeblättern servieren. Dieser Cocktail ist ein gesunder und leckerer Start in den Tag!

**EINE PORTION WISSEN**

Viele Minzearten – z. B. Ananas-, Apfel-, Pfeffer-, Schokoladen- oder Zitronenminze – werden wegen ihres Aromas und Geschmacks angebaut. Die Blätter dieser Pflanze – sortenunabhängig – enthalten immer Menthol, welches den Getränken den Geschmack der Frische verleiht.

# Knusprige Baguettes mit Kräuterbutter

30 Min. + Gehzeit

Für das Baguette die Milch in einen großen Topf gießen, mit Butter und Zucker aufkochen, bis sie sich aufgelöst haben. Alles in eine große Schüssel umfüllen, das Wasser hinzufügen und abkühlen lassen. Anschließend Hefe, Salz sowie 1 Glas Mehl dazugeben und alles verrühren. Das restliche Mehl nach und nach unterrühren, den Teig dabei die ganze Zeit mischen, bis er glatt und elastisch wird. Den Teig in eine mit Olivenöl eingefettete Schüssel geben, mit einem Tuch abdecken und so lange gehen lassen, bis er seine Größe verdoppelt hat. Danach den Schüsselinhalt vorsichtig auf die Arbeitsplatte leeren und je nach gewünschter Baguettezahl aufteilen: in vier größere oder sechs kleinere Stücke (sie sollten nicht mehr als 30 cm Länge haben). Auf ein gefettetes Backblech legen, weitere 30 Minuten gehen lassen. Während dieser Zeit den Backofen auf 230 °C vorheizen. Die Baguettes ca. 10 Minuten backen. Nach 10 Minuten die Temperatur auf 200 °C reduzieren und so lange backen, bis die Kruste eine schöne Farbe bekommt. Für die Butter die Kräuter mit Wasser abspülen, abtrocknen, klein hacken und in eine Schüssel geben. Die zimmerwarme Butter, die gepressten Knoblauchzehen, die Zitronenschale und Salz hinzufügen. Alles gut verrühren, zu einer Rolle formen, in Backpapier einwickeln und im Kühlschrank abkühlen lassen.

## Zutaten

*für 4 Personen*

**FÜR DIE BAGUETTES:**

- 1 Tasse (ca. 250 ml) Milch
- 2 TL Butter
- 2 TL Zucker
- 1 Tasse (ca. 250 ml) lauwarmes Wasser
- 15 g frische Hefe
- 2 TL Salz
- 4 Tassen Weizenmehl Typ 812 (je ca. 160–170 g)
- Olivenöl

**FÜR DIE BUTTER:**

- frische Kräuter (eine Handvoll Dill, ein paar Rosmarin- und Thymianstängel oder andere Lieblingskräuter)
- 1 Packung Butter (zimmerwarm)
- 2–3 Knoblauchzehen
- abgeriebene Schale einer ½ Zitrone
- Salz

# Gurkenkaltschale mit gerösteten Nüssen und Minze

## Zutaten

### für 4 Personen

- 500 ml Kefir
- 250 ml Naturjoghurt (oder griechischen Joghurt)
- eine Handvoll Walnüsse
- 2 frische Gurken
- 1 Bund Radieschen
- 1 junge Zwiebel mit Grün
- eine Handvoll frischer Minzblätter
- einige Stängel Thymian, Oregano oder Majoran (frisch)
- Salz
- Pfeffer

10 Min.

Die gekühlten Milchprodukte in eine Schüssel gießen und verrühren. Die Nüsse in einer Pfanne rösten und grob hacken. Die Gurken schälen, der Länge nach halbieren, mit einem Teelöffel das Kerngehäuse entfernen und die Gurkenhälften in kleine Würfel schneiden. Die Radieschen waschen und würfeln. Die Zwiebel und etwas von dem Zwiebelgrün in dünne, schräge Streifen schneiden. Das geschnittene Gemüse und die Nüsse in der Schüssel mit Kefir und Joghurt vermischen, die klein gezupften Minzblätter hinzufügen und mit den Kräutern sowie Salz und Pfeffer abschmecken. Alles vorsichtig vermischen und servieren.

**Unser Tipp:** Die Kaltschale kann mehrere Stunden im Voraus vorbereitet und im Kühlschrank aufbewahrt werden – sie schmeckt dann sogar noch besser, weil sie durchgekühlt ist und die Zutaten sich gut vermischen.

# Zucchinipuffer mit Joghurtsoße und Koriander

20 Min.

Zucchini waschen und grob raspeln, salzen und kurz stehen lassen. Nach einer Weile die Flüssigkeit gut ausdrücken. Mehl, Ei, geraspelte Knoblauchzehen und gehackte Petersilie zu den Zucchini geben und mit Salz und Pfeffer würzen. Die Zutaten verrühren und von jeder Seite im heißen Öl ein paar Minuten backen. Währenddessen die Soße vorbereiten. Joghurt in eine Schüssel umfüllen, die klein gehackte Zwiebel, die Chilischote und Koriander hinzufügen, mit Salz abschmecken.

**EINE PORTION WISSEN**

Koriander wächst in vielen Ländern und seine grünen Blätter schmecken unterschiedlich je nach Anbauregion. Die aus Georgien haben einen schärferen Geschmack, die aus Syrien sind milder und die aus Äthiopien haben mehr Aroma.

## Zutaten

für 1 Person

**FÜR DIE ZUCCHINIPUFFER:**

- 1 grüne Zucchini
- 1 gelbe Zucchini
- 3–4 EL Weizenmehl
- 1 Ei
- 2 Knoblauchzehen
- eine Handvoll Petersiliengrün
- Salz
- Pfeffer
- Öl zum Braten

**FÜR DIE SOẞE:**

- 200 g Naturjoghurt
- ½ rote Zwiebel
- ½ grüne Chilischote
- eine Handvoll Koriander (frisch)
- Salz

# Zutaten

## für 2 Personen

- 1 Bund grüner Spargel
- ein paar Radieschen
- 1 Knoblauchzehe
- 1 rote Chilischote
- ein paar Cocktail-tomaten
- eine Handvoll Feldsalat (oder ein anderer Salat)
- eine Handvoll Koriander und Basilikum (frisch)
- eine Handvoll Sonnen-blumensprossen

**FÜR DIE SOßE:**

- 4 EL Olivenöl extra vergine
- ¼ Zitrone
- 1 Knoblauchzehe
- Salz
- Pfeffer

# Frühlingssalat mit gegrilltem Spargel

15 Min.

In einer kleinen Schüssel die Soße vorbereiten: Olivenöl, Zitronensaft und -schale, die klein gehackte Knoblauchzehe, das Salz und den Pfeffer vermischen. Die Zutaten für den Salat waschen. Den Spargel schälen (optional) und die angetrockneten Endstücke abschneiden. Die Radieschen, den Knoblauch und die Chili in dünne Scheiben schneiden und die Tomaten halbieren. Auf einem Teller den Salat, die Kräuter und die Sprossen anrichten. Radieschen und Tomaten dazugeben. Die Spargelstangen im Olivenöl ein paar Minuten grillen, bis sie leicht braun werden und gegen Ende der Grillzeit Knoblauch und die Chilischote hinzufügen. Kurz mitbraten, sodass sich die Aromen verbinden. Die Spargelstangen auf dem Salat verteilen und sofort servieren.

# Kräutersalat mit Käse

15 Min.

Die Chicorée- und die Kräuterblätter waschen und klein zupfen. In die Salatschüsseln verteilen. Die Orange filetieren, die Granatapfelkerne herausnehmen, den Käse in Stücke schneiden und die Zutaten zum Salat hinzufügen. Anschließend den Salat mit Nüssen bestreuen und mit der Soße begießen. Sofort servieren.

**Wie wird die Orangen-Vinaigrette gemacht?** Man nimmt 4 EL Olivenöl extra vergine, 1 TL Agavensirup (bzw. Honig oder anderen Süßstoff), den Saft und die abgeriebene Schale von einer halben Orange, eine Prise Meersalz und frisch gemahlenen Pfeffer. Alle Zutaten in ein Glas mit Schraubverschluss geben, mit dem Deckel verschließen und das Glas kräftig schütteln, damit sie sich gut vermischen. Diese Soße lässt sich im Voraus vorbereiten und im Kühlschrank aufbewahren. Kurz vor dem Servieren die Soße über den Salat gießen.

## Zutaten

### für 2 Personen

- 1 Chicorée
- eine Handvoll Petersiliengrün und Thymian
- ½ Orange oder Grapefruit
- Granatapfelkerne (optional)
- ca. 200 g halbfesten Käse mit Kümmel oder Schwarzkümmel
- eine Handvoll gerösteter Walnüsse oder Cashewnüsse
- 100 ml Orangen-Vinaigrette

# Erdbeer-Mozzarella-Salat mit Basilikum

## Zutaten

für 2 Personen

**FÜR DEN SALAT:**

- eine Handvoll Lieblingssalat
- 2 Handvoll frischer Basilikumblätter
- 300 g Erdbeeren
- 1 Packung Mini-Mozzarella
- Pfeffer

**FÜR DIE SOSSE:**

- 1 TL Balsamicoessig
- 1 TL Honig
- eine Prise Salz

15 Min.

Den Salat und das Basilikum waschen und abtrocknen. Die Erdbeeren waschen, trocknen, entstielen und evtl. halbieren. Mozzarella abtropfen lassen und in kleine Stücke schneiden. Die Zutaten für die Soße verrühren. Die Salatblätter mit dem Basilikum auf einen Teller legen und den Mozzarella und die Erdbeeren darauf verteilen. Die Soße über den Salat gießen und mit ein wenig Pfeffer bestreuen sowie mit einigen Basilikumblättchen verzieren.

**EINE PORTION WISSEN**

Basilikum gehört zu den beliebtesten Küchenkräutern – es gibt sogar 150 Basilikumsorten. Zusammen mit Pfefferminze, Salbei, Thymian, Bohnenkraut und Majoran gehört Basilikum zu den provenzalischen Kräutern.

# Gemüsecurry mit Koriander

30 Min.

Das Gemüse waschen und die Möhren schälen. Das Olivenöl in einer Pfanne erhitzen, die gehackte Schalotte, den Knoblauch, Ingwer und die Chili in die Pfanne geben und 3 Minuten braten. Die Currypaste zufügen und alles gut vermischen. Wenn sich die Paste aufgelöst hat, die kleinen Blumenkohlröschen ebenfalls dazugeben und weitere 5 Minuten mitbraten. Danach die grünen Bohnen und die in Scheiben geschnittenen Möhren zufügen. Wasser oder Gemüsebrühe einrühren, aufkochen und zugedeckt 5 Minuten köcheln lassen. Dann die Kokosmilch zufügen, mit Salz und Pfeffer abschmecken und mit Limonensaft beträufeln. Alles umrühren und üppig mit Koriander bestreuen. Mit Reis servieren.

## Zutaten

für 4 Personen

- ½ Blumenkohl
- 2 Möhren
- grüne Bohnen (oder Zuckererbsen)
- Olivenöl extra vergine (bzw. ein anderes Pflanzenfett zum Braten)
- 1 mittelgroße Schalotte
- 4 Knoblauchzehen
- 4 cm langes Stück Ingwer
- 1 rote Chilischote
- 2 EL rote Currypaste
- ca. 0,5 l Wasser (oder Gemüsebrühe)
- 1 Dose Kokosmilch
- Salz
- Pfeffer
- Saft einer ½ Limone
- eine Handvoll Koriander (frisch)

# Brathähnchen in Thymian-Marinade

60 Min.

Das Hähnchen waschen und trocken tupfen. Für die Marinade: die Zitronen abbrühen, die Thymianstiele klein hacken (wenn die Stiele sehr hart sind, dann nur die Blätter abzupfen), 8 Knoblauchzehen schälen und in Scheiben schneiden – alles zusammen in eine große Schüssel geben und mit dem Olivenöl übergießen. Mit Salz und Pfeffer würzen. Den Zitronensaft zugeben, dabei die Marinade gut rühren. Jetzt das Hähnchen mit der Marinade einreiben und mit den Zitronen und Kräutern füllen. Das Fleisch für ein paar Stunden stehen lassen, um die Marinade einwirken zu lassen (optional – wenn man genug Zeit hat). Den Backofen auf 195 °C vorheizen. Das Hähnchen in einen Bratbeutel geben und in den Backofen hineinschieben. Kurz vor dem Ende der Bratzeit die Folie aufschneiden, etwas Butter auf dem Fleisch verteilen und den Backofen wieder schließen, damit das Hähnchen schön braun wird.

**Unser Tipp:** Die Garzeit hängt vom Gewicht des Hähnchens ab – 1 Kilo Fleisch braucht durchschnittlich 1 Stunde Garzeit. Wichtig ist, dass das Hähnchen in einem Bratbeutel oder Bratschlauch eingeschlossen ist, damit das Fleisch saftig bleibt.

## Zutaten

*für 6 Personen*

- 1 Hähnchen (ausgenommen)
- 4 Zitronen
- eine Handvoll Thymian (frisch)
- 2 Knoblauchknollen
- ½ Tasse (ca. 125 ml) Olivenöl extra vergine
- Salz
- Pfeffer
- einige EL Butter

# Gemüsespaghetti mit Bohnenkraut und Petersilie

15 Min.

Das Gemüse waschen. Die Möhren schälen. Die Zucchini entkernen und in dünne Streifen schneiden, die an Spaghetti erinnern. Die Möhren genauso vorbereiten. In einer tiefen Pfanne etwas Butter und Olivenöl erhitzen und das Gemüse dazugeben. 3–4 Minuten dünsten, dabei ab und zu umrühren. Das Gemüse darf nicht zu weich sein. Etwas Olivenöl, den gehackten Knoblauch, Rucola, Salz, Bohnenkraut und Petersiliengrün zufügen und alles gut vermischen. Eine weitere Minute braten. Die Gemüsespaghetti auf Tellern verteilen, mit Olivenöl beträufeln, mit den Nüssen und frisch gemahlenem Pfeffer bestreuen und mit gehobeltem Käse verzieren. Sofort servieren.

**Unser Tipp:** Wie schneidet man das Gemüse in Spaghetti-Streifen? Am besten geht es mit einem speziellen Gemüseschäler. Ein gutes Ergebnis bekommt man aber auch, wenn die Zucchini mit einem einfachen Gemüseschäler der Länge nach in schmale Scheiben geschält und anschließend mit dem Messer in schmale Streifen geschnitten werden.

## Zutaten

### für 2 Personen

- 2 Zucchini
- 2 Möhren
- Butter
- Öl zum Braten
- Olivenöl extra vergine
- 2 Knoblauchzehen
- eine Handvoll Rucola
- Salz
- einige Bohnenkrautblättchen
- eine große Handvoll geröstete Walnüsse
- Pfeffer
- eine Handvoll Petersiliengrün
- Stück reifer Käse (z. B. Pecorino, Parmesan, Grana Padano)

# Zutaten

*für 2 Personen*

**FÜR DIE FRIKADELLE:**

- 400 g Rinderhackfleisch (nicht zu fein)
- Salz, Pfeffer
- eine Handvoll frischer Oregano
- eine Handvoll Petersiliengrün
- 1 rote Zwiebel
- 1 Tomate
- 1 Gewürzgurke
- 2 Hamburgerbrötchen
- Salatblätter (oder Rucola)
- Olivenöl

**FÜR DIE MAYONNAISE:**

- ½ Tasse (ca. 120 ml) Mayonnaise
- 1 Topf Basilikum
- 1 kleine Knoblauchzehe (gehackt)
- 1 EL Olivenöl
- abgeriebene Schale einer ½ Zitrone
- 1 EL Zitronensaft
- Salz, Pfeffer

# Kräuter-Burger

20 Min.

Den Backofen auf 220 °C vorheizen. Das Hackfleisch mit Salz und Pfeffer würzen. Den Oregano und die gehackte Petersilie zufügen (eine Handvoll Kräuter für später beiseitelegen). Alles gut vermischen, halbieren und zu zwei Hackfleischfrikadellen formen – sie sollten etwas größer sein, als die Hamburgerbrötchen. Zwiebel, Tomate und Gurke in dünne Scheiben schneiden. In einer heißen Pfanne (am besten einer Grillpfanne) die Frikadellen in etwas Olivenöl von beiden Seiten jeweils 4 Minuten braten. Aus der Pfanne herausnehmen und kurz ruhen lassen. In dieser Zeit die Burgerbrötchen im Backofen kurz anbacken. Anschließend die Brötchen mit Mayonnaise bestreichen, mit der Frikadelle, dem Salat, den Zwiebel-, Tomaten- und Gurkenscheiben belegen, zum Schluss etwas Mayonnaise auf den Belag geben und mit den gehackten Kräutern bestreuen. Wer mag, kann gerne Ketchup und Senf nehmen. Mit der zweiten Brötchenhälfte zudecken. Sofort servieren.

**Unser Tipp:** Man kann auch eine Joghurtsoße statt Mayonnaise verwenden. Sie ist einfach vorzubereiten: eine Tasse (ca. 200 ml) Naturjoghurt mit einer Handvoll gehackter Minze, dem Saft einer Limone und einer gehackten Knoblauchzehe vermischen und mit Salz und Pfeffer abschmecken.

# Gnocchi mit Salbeibutter

30 Min.

Kartoffeln in Salzwasser kochen. Abgießen, abkühlen lassen und pellen. Noch warm durch die Kartoffelpresse drücken und schnell mit Mehl und Ei vermengen. Die Arbeitsfläche mit Mehl bestreuen. Den Teig aufteilen, kneten und eine längliche Rolle formen, mit dem Messer aus der Rolle kleine 2 cm lange Stücke schneiden. Jedes Stück mit einer bemehlten Gabel eindrücken, dabei leicht rollen. Gnocchi portionsweise in kochendes Salzwasser geben. Wenn sie an die Oberfläche kommen, noch ca. 2 Minuten ziehen lassen. Die Salbeiblätter vorsichtig abspülen und trocken tupfen. Die Butter und das Olivenöl in der Pfanne zerlassen – aufpassen, dass die Butter nicht anbrennt. Salbei zufügen und leicht anbraten, bis er glasig wird. Gnocchi in der Pfanne mit der Salbeibutter vermischen, mit Salz und Pfeffer würzen. Alles vorsichtig umrühren und sofort servieren.

**Unser Tipp:** Gnocchi sind kleine Kartoffelklößchen aus Italien. Serviert werden sie mit verschiedenen Soßen, mit Pesto, Gemüse oder mit geriebenem Käse.

## Zutaten

für 2 Personen

- 1 kg mehligkochende Kartoffeln
- 1 Tasse (ca. 170 g) Weizenmehl
- 1 Ei
- eine Handvoll frischer Salbei
- ½ Stück Butter
- 2 EL Olivenöl
- Salz
- Pfeffer

# Blätterteig-Quiche mit Oregano und frischen Tomaten

## Zutaten

### für 4 Personen

- 250 g frischer Spinat
- Butter (oder Öl zum Braten)
- 1 Knoblauchzehe
- 250 g Frischkäse (Philadelphia oder Ricotta)
- 200 g Feta
- 1 Ei
- 1 Bund Schnittlauch
- eine Handvoll Oregano (auch getrocknet)
- abgeriebene Schale einer ½ Zitrone
- Salz
- Pfeffer
- 1 Packung Blätterteig
- 2 große Tomaten
- Petersiliengrün

30 Min.

Den Spinat waschen, trocknen und zusammen mit der ganzen Knoblauchzehe in der Butter anbraten. Den Spinat – sobald er zusammenfällt – in ein Küchensieb umfüllen, die Knoblauchzehe entfernen und das Wasser vorsichtig durch das Sieb herausdrücken. Den Frischkäse, den zerkrümelten Feta, das verquirlte Ei, den klein gehackten Schnittlauch, den Oregano und die Zitronenschale in eine Schüssel geben. Bei Bedarf mit Salz und frisch gemahlenem Pfeffer würzen. Alles miteinander verrühren. Den Backofen auf 200 °C vorheizen. Das mit Backpapier belegte Backblech mit dem ausgerollten Blätterteig auslegen. Die Füllung auf dem Blätterteig verteilen, dabei 1–2 cm am Rand frei lassen. Mit Tomatenscheiben belegen, mit Oregano bestreuen und in den Backofen stellen. Die Backzeit beträgt ca. 20 Minuten – bis die Quiche am Rand gebräunt ist. Nach dem Backen die Quiche aus dem Backofen herausnehmen, die Tomaten salzen und mit dem Petersiliengrün bestreuen.

**Unser Tipp:** Eine Quiche lässt sich sehr schnell vorbereiten – sie schmeckt sowohl warm als auch kalt und lässt sich wunderbar mitnehmen.

# Spargel-Basilikum-Risotto

30 Min.

Den Spargel waschen, die angetrockneten Endstücke abschneiden und die Spargelstangen in Stücke schneiden – dabei die Spargelköpfe ganz lassen. Den Parmesan fein reiben, das Basilikum waschen und klein zupfen. Das Olivenöl und die Butter in einer Pfanne erhitzen, die gehackte Schalotte im Fett kurz anbraten, bis sie glasig wird. Reis und Thymian hinzugeben, gut umrühren und mit dem Wein ablöschen. Den Reis anbraten, bis er glasig wird. Jetzt stufenweise eine Kelle der Gemüsebrühe in die Pfanne gießen. Ständig rühren und die nächste Kelle erst dann hinzufügen, wenn die erste vom Reis aufgenommen wurde. Nach 10–15 Minuten den Spargel zum Reis geben und das Risotto weiter kochen, dabei die Brühe nach und nach zum kochenden Reis hinzugeben, bis er weich, jedoch al dente ist. Dann das Risotto vom Herd nehmen. 1–2 EL Butter, das Basilikum und den geriebenen Käse hinzufügen. Alles umrühren, mit Salz und Pfeffer würzen. Mit frischen Basilikum- und Thymianblättchen verzieren.

## Zutaten

### für 4 Personen

- ein Bund grüner Spargel
- eine Handvoll Parmesan (oder Grana Padano)
- eine Handvoll Basilikum
- 2 EL Olivenöl extra vergine
- 2–3 EL Butter
- 1 Schalotte
- 1 Tasse (ca. 200 g) Risottoreis
- einige Thymianstängel
- ca. 50 ml Weißwein
- ca. 1 l heiße Gemüsebrühe
- Salz
- Pfeffer

# Gebackener Lachs in Orangen-Rosmarin-Soße

## Zutaten

### für 4 Personen

- 4 Orangen (für die Soße)
- 2–3 EL Honig
- 1 Lachsfilet ohne Haut
- Salz
- Pfeffer
- 2 EL Olivenöl extra vergine
- 2 Knoblauchzehen
- ein Stück Ingwer (ca. 4 cm)
- 4 frische Rosmarinstängel

30 Min.

Den Backofen auf 180 °C vorheizen. Den Saft aus drei ausgepressten Orangen in eine Schüssel gießen, das Fruchtfleisch und den Honig hinzufügen, verrühren und kurz stehen lassen. Das Lachsfilet waschen, in kleinere Teile schneiden, mit Salz und frisch gemahlenem Pfeffer würzen. Eine ofenfeste Auflaufform mit Backpapier auslegen und dieses mit Olivenöl bestreichen. Den Fisch in die so vorbereitete Auflaufform geben, mit der Soße begießen, Knoblauch, Ingwer, Rosmarin und die Stückchen der vierten Orange hinzufügen. 15–20 Minuten backen, bis der Fisch gebräunt ist. Sofort servieren.

**EINE PORTION WISSEN**

Rosmarin hat ein starkes Aroma und einen etwas herben Geschmack. In der Küche wird er häufig zum Würzen verschiedener Fleischsorten, aber auch für Suppen und Gemüsespeisen verwendet – sein Stängel kann z. B. auch als Schaschlikspieß dienen.

# Quiche mit Pfifferlingen und Thymian

50 Min.
+ Kühlzeit für den Teig

Alle Zutaten für den Teig in einer Schüssel verrühren und durchkneten. Den Teig in Frischhaltefolie einwickeln und für eine halbe Stunde in den Kühlschrank stellen. Die Pfifferlinge waschen, abtrocknen, größere halbieren oder vierteln. In einer Pfanne die Butter mit etwas Olivenöl erhitzen, die klein gehackte Schalotte, die Pfifferlinge und die Hälfte des gehackten Thymians anbraten (nur die verholzten Stiele des Thymians weg lassen). Die Zutaten umrühren, vom Herd nehmen und mit Salz und Pfeffer würzen. Jetzt die Sahne, 3 Eigelb, das Ei, Parmesan, gepressten Knoblauch, den restlichen Thymian, Salz und Pfeffer in eine Schüssel geben und mit dem Schneebesen gut verrühren. Den Teig aus dem Kühlschrank nehmen, ausrollen und in einer mit Backpapier belegten Quicheform verteilen. Den Teig mit einer Gabel an mehreren Stellen einstechen, in den Backofen hineinstellen und ca. 15 Minuten backen. Der Teig sollte schön gebräunt sein. Die fertige Eier-Sahne-Mischung auf den vorgebackenen Teig geben und für ca. 30 Minuten wieder in den Backofen geben, bis der Belag fest wird. Mit dem Petersiliengrün bestreuen und warm oder kalt servieren.

## Zutaten

für 4 Personen

**FÜR DEN TEIG:**

- 250 g Weizenmehl
- 150 g kalte Butter
- 1 Ei

**FÜR DEN BELAG:**

- 250 g Pfifferlinge
- 2 EL Butter
- Olivenöl extra vergine
- 1 Schalotte
- eine Handvoll Thymian (frisch)
- Salz
- Pfeffer
- 250 ml Sahne mit 30% Fettgehalt
- 3 Eigelb und 1 Ei
- eine Handvoll geriebener Parmesan (oder Grana Padano)
- 2 Knoblauchzehen
- Petersiliengrün

# Zutaten

## für 4 Personen

- 2 Auberginen
- Salz
- Olivenöl
- 1 Packung Feta
- 1 Kugel Mozzarella
- eine Handvoll Basilikum

**FÜR DIE TOMATENSOßE:**

- Olivenöl extra vergine
- 2 Knoblauchzehen
- 1 Schalotte
- 1 Dose Tomaten (oder 4 frische Tomaten)
- 50 ml Weißwein
- 1 EL getrockneter Oregano
- 1 EL Butter
- eine Prise Zucker
- Salz
- Pfeffer

50 Min.

Die Auberginen waschen und in 1 cm dicke Scheiben schneiden. Von beiden Seiten salzen und auf ein Papierküchentuch legen. Mindestens 15 Minuten stehen lassen. Währenddessen die Soße zubereiten: so viel Olivenöl in einen Topf gießen, dass der Topfboden bedeckt ist. Die Knoblauchscheiben und die gehackte Schalotte zufügen. Anbraten und die Tomaten aus der Dose zugeben, umrühren. Jetzt den Wein, Oregano, Butter, Zucker, Salz und Pfeffer in den Topf geben. Alles aufkochen und zugedeckt noch 15 Minuten kochen. Dann die Soße mit dem Stabmixer pürieren, mit ein wenig Wasser auffüllen, abschmecken und beiseitestellen. Die Flüssigkeit aus den Auberginen mit den Küchentüchern aufnehmen. Die abgetrockneten Auberginenscheiben auf ein mit Backpapier belegtes Blech legen und von beiden Seiten mit etwas Olivenöl einpinseln. Die so vorbereiteten Auberginen in den auf 200 °C vorgeheizten Backofen hineinstellen und 10–12 Minuten backen. Danach das Blech herausnehmen, die Tomatensoße auf den Auberginen verteilen und den zerkrümelten Feta und kleine Stückchen Mozzarella auf die Soße streuen. Das Blech zurück in den Backofen stellen und weitere 8–10 Minuten backen, bis der Käse geschmolzen und leicht gebräunt ist. Fertige Mini-Pizzen aus dem Backofen nehmen und etwas abkühlen lassen. Mit Basilikum bestreuen und sofort servieren.

**Unser Tipp:** Diese leckere Speise kann man aufwärmen oder auch kalt genießen.

# Mini-Pizzen aus Auberginen mit Basilikum und Oregano

# Tartelettes mit Himbeeren und Melisse

**20 Min. + Abkühlzeit**

Das Mehl in eine Schüssel geben und mit dem Puderzucker vermischen. Butterstückchen, Eier und Zitronenschale hinzufügen und mit den Händen zu einem glatten Teig verkneten. Den Teig ausrollen (ca. 5 mm dick). Aus dem Teig jetzt Kreise ausstechen bzw. ausschneiden, die etwas breiter sind als der Durchmesser der Backförmchen. Den Teig in die gefetteten Förmchen drücken und mit der Gabel mehrmals einstechen. Die Förmchen mit dem Teig für eine Stunde in den Kühlschrank stellen. Danach in den auf 185 °C vorgeheizten Backofen geben und ca. 15 Minuten backen, bis der Teig gebräunt ist. Aus dem Ofen herausnehmen und abkühlen lassen. Die abgekühlten Tartelettes vorsichtig aus den Förmchen herauslösen und jede mit der Creme füllen. Himbeeren auf der Creme verteilen und mit Melissenblättchen verzieren.

## Zutaten

*für 6 Personen*

**FÜR DEN TEIG:**

- 250 g feines Weizenmehl (z. B. Typ 405)
- 60 g Puderzucker
- 130 g gekühlte Butter
- 1 Ei
- abgeriebene Schale einer ½ Zitrone

**FÜR DIE CREME:**

- 200 g Mascarpone
- 2 EL Puderzucker
- 100 ml Sahne mit 30% Fettgehalt
- 1 Vanillestange

**FÜR DEN BELAG:**

- 250 g frische Himbeeren
- frische Melissenblätter

# Früchte-Crumble mit Kräuterzucker

## Zutaten

für 4 Personen

- 1 kg frische Früchte (z. B. Erdbeeren, Zwetschgen, Johannisbeeren, Äpfel, Aprikosen)
- Saft einer ½ Zitrone
- Saft einer ½ Orange
- ½ Tasse (ca. 125 g) brauner Zucker
- 1 Tasse (ca. 100 g) Haferflocken
- 125 g Butter
- 2 gehäufte EL Mehl

**FÜR DEN ZUCKER:**

- 1 Tasse (ca. 225 g) weißen, feiner Zucker
- Schale von 1 Zitrone
- Schale von 1 Orange
- ein Stängel Rosmarin
- ein Stängel Minze
- ein Stängel Melisse
- ein Stängel Thymian

30 Min.

Zitrusfrüchte mit heißem Wasser abbrühen, trocknen und die Schale abreiben. Zubereitung des Zuckers: den weißen Zucker in ein sauberes Marmeladenglas füllen, die abgeriebenen Schalen der Zitrusfrüchte und die gehackten Kräuter zufügen und beiseitestellen. Das übrige Obst waschen, entstielen, in kleinere Stücke schneiden und in eine ofenfeste, mit Backpapier ausgelegte Auflaufform geben. Den frisch gepressten Zitronen- und Orangensaft über die Früchte verteilen, alles umrühren und ein wenig braunen Zucker darüber streuen. In einer zweiten Schüssel die Streusel vorbereiten: braunen Zucker, Haferflocken, Butter und Mehl in die Schüssel geben und mit den Händen vorsichtig zu Streuseln verarbeiten. Das Obst in der Auflaufform damit bestreuen. Bei 190 °C ca. 20 Minuten backen – die Streusel sollten schön goldbraun werden. Den Crumble aus dem Ofen herausnehmen und mit dem zubereiteten Kräuterzucker servieren. Mit ein paar Minze- oder Melissenblättchen verzieren.

**Unser Tipp:** Früchte-Crumble schmeckt auch mit Eis oder Joghurt – es lohnt sich, einfach auszuprobieren.

# Weiße Schokoladentrüffel mit Zitrone und Thymian

20 Min. + Abkühlzeit

In einem kleinen Topf die Sahne mit den Thymianstängeln und der Zitronenschale ein paar Minuten zugedeckt kochen. Dann die Sahne abkühlen lassen, die Kräuter und die Zitronenschale auf ein Sieb geben und gut in die Sahne ausdrücken. Die Schokolade in einem Wasserbad schmelzen. Die Butter, die abgekochte Sahne, etwas Meersalz, den Zitronensaft und das Vanille-Extrakt dazugeben. Alle Zutaten vermischen und über Nacht im Kühlschrank stehen lassen, damit die Masse fest wird. Anschließend aus der Masse die Trüffel formen. Die Pralinenförmchen vorbereiten und die restliche Schokolade im Wasserbad schmelzen. Jede Trüffel in der geschmolzenen Schokolade rundherum wälzen – dabei zügig vorgehen, damit die Trüffelmasse durch die warme Schokolade nicht schmilzt. Die Schokoladentrüffel mit einem Thymianblättchen verzieren und abkühlen lassen.

**Unser Tipp:** Die Trüffel lassen sich aus der abgekühlten Masse leichter formen, wenn man dabei die Hände immer wieder mit sehr kaltem Wasser befeuchtet – dadurch klebt die Schokoladenmasse weniger an den Fingern.

## Zutaten

für 4 Personen

- 100 ml Sahne mit 32% Fettgehalt
- ½ Bund Thymian (frisch) + einige Blättchen zum Verzieren
- abgeriebene Schale von 2 Zitronen
- 2 Tafeln gute weiße Schokolade + eine zusätzliche Tafel für die Glasur
- 2 EL Butter
- eine Prise Meersalz
- ½ TL Zitronensaft
- 1 TL Vanille-Extrakt
- Pralinenförmchen

## IMPRESSUM

LV.Buch im Landwirtschaftsverlag GmbH, 48084 Münster



1. Auflage 2019



Herausgeber: Thomas Richter

Texte: Danuta Pyza-Grzybowska, Rezepte: Marcelina Majchrowska

Bildnachweise: Titel shaiith/fotolia.de; S. 8 Cora Müller/fotolia.de; S. 9 coco/fotolia.de; S. 9 cbckchristine/fotolia.de; S. 10 Cora Müller/fotolia.de; S. 13 Scheer Sieglinde/fotolia.de; S. 13 cbckchristine/fotolia.de; S. 14 kazoka303030/fotolia.de; S. 14 Cora Müller/fotolia.de; S. 15 franzdell/fotolia.de; S. 15 redaktion93/fotolia.de; S. 16 Cora Müller/fotolia.de; S. 17 by-studio/fotolia.de; S. 17 bluedesign/fotolia.de; S. 19 Stefan Körber/fotolia.de; S. 20 Lsantilli/fotolia.de; S. 21 Robert Przybysz/fotolia.de; S. 22 Alexander Raths/fotolia.de; S. 24 jchizhe/fotolia.de; S. 27 Elenathewise/fotolia.de; S. 27 jackwusel/fotolia.de; S. 28 Dennis Oblander/fotolia.de; S. 28 Pixavril/fotolia.de; S. 31 ghavasi/fotolia.de; S. 32 torte83/fotolia.de; S. 32 Kokhanchikov/fotolia.de; S. 33 Freykoerperkutur/fotolia.de; S. 33 LianeM/fotolia.de; S. 34 Patrick Daxenbichler/fotolia.de; S. 36 Ivonne Wierink/fotolia.de; S. 37 Olesia Sarycheva/fotolia.de; S. 37 coco/fotolia.de; S. 39 alicja neumiler/fotolia.de; S. 40 Julija Sapic/fotolia.de; S. 41 Photographee.eu/fotolia.de; S. 42 7monarda/fotolia.de; S. 46 Robert Przybysz/fotolia.de; S. 47 funato/fotolia.de; S. 47 Maria Brzostowska/fotolia.de; S. 48–69 von Firma W. Legutko PrzedsiÇbiorstwo Hodowlano-Naslenne; S. 71 gavran333/fotolia.de; S. 71 Smole/fotolia.de; S. 72 yasupi/fotolia.de; S. 72 juliedeshaies/fotolia.de; S. 73 leszekkobusinski/fotolia.de; S. 73 Curioso Photography/fotolia.de; S. 74 olindana/fotolia.de

Rezeptbilder: Przemysław Kutnyj

Übersetzung: Kamila Friedrich, www.polnisch-sprache.de

Druck: Grafisches Centrum Cuno GmbH & Co. KG, Calbe

ISBN 978-3-7843-5625-9